Android
スマートフォン
便利すぎる!
テクニック 2020

なくしてしまった
スマートフォンを
発見する方法

クイック設定
ツールに新機能
を追加する

在宅ワークで導入
したい定番の
リモート会議アプリ

LINEも2つ
同時に利用できる
アプリ複製技

使わないと損する
Googleマップ
のお役立ち機能

YouTubeの
人気動画を端末
にダウンロード

LINEの既読回避
や送信取り消しで
ストレスを撃退

Wi-Fiの
パスワードをQR
コードで共有する

ダークテーマで
見た目も気分も
一新しよう

スマホの電話や
SMSをパソコン
でやり取りする

standards

C O N T E N T S

ネットの快適技

写真・音楽・動画

SECTION 5 仕事効率化

SECTION 6 設定とカスタマイズ

生活お役立ち技

トラブル解決とメンテナンス

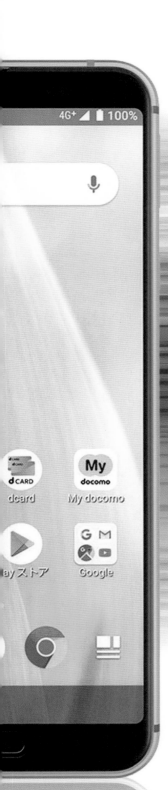

技あり操作と正しい設定
ベストなアプリで
あなたのスマホは
もっと便利に
もっと快適になる!

いつも持ち歩いてネットやメール、SNSやゲームなどを気軽に
楽しめるスマートフォン。しかし、本来のパワフルな実力を引き出せば、
もっと便利にもっと快適に利用できるのはもちろん、
驚くような新しい使い方も見つかるはず。本書は、スマートフォンを
買ってはみたものの宝の持ち腐れになっているユーザーや、
もっと幅広い用途に活用したいユーザー、ベストな設定方法や
アプリを知りたいユーザーへ向けて231のテクニックを紹介。
日々の使い方を劇的に変える1冊になるはずだ。

本書の見方・使い方

「マスト!」マーク

231のテクニックの中でも多くのユーザーにとって有用な、特にオススメのものをピックアップ。まずは、このマークが付いたテクニックから試してみよう。

「APP」コーナー

APP

Pocket
作者／Read It Later
価格／無料

QRコード

QRコードをリーダーアプリで読み取れば、該当アプリのインストールページへ簡単にアクセスできる。まずは、本書オススメのQRコードリーダーアプリ「QRコードスキャナー」をPlayストアからインストールしておこう。

QRコードスキャナー
作者／ZXing Team
価格／無料

QRコードの利用方法

1 カメラで読み取る

QRコードスキャナーを起動したらカメラをQRコードへ向け画面中央に合わせる（カメラを近づけすぎないように）。横画面のインターフェイスだが、縦位置でも利用できる。

2 メニューを進める

スキャン完了後、表示されたURLをタップ。通常は、Playストアの該当アプリページが開くが、アプリ選択画面が表示された場合は、「Playストア」をタップしよう。

3 アプリページへ

Playストアの該当アプリページが表示されたら、「インストール」もしくは価格表示部分をタップしてアプリをインストールしよう。

掲載アプリINDEX

巻末のP110〜111にはアプリ名から記事を検索できる「アプリINDEX」を掲載。
気になるあのアプリの使い方を知りたい……といった場合に参照しよう。

1

基本便利技

スマートフォンを買ったらまずは必ずチェックしたい
設定ポイントや、標準搭載ながらもすぐには
気付きにくい便利機能、頻繁に使う
快適操作法など、すべてのユーザーにおすすめの
基本テクニックを総まとめ。

001 基本操作 ナビゲーションバーを従来の3つのボタンに戻す

設定で3ボタンナビゲーションに変更しよう

本体下部のナビゲーションバーは、従来なら「戻る」「ホーム」「最近使用したアプリ」の3つのボタンが並んでいたが、Android 9で「最近使用したアプリ」が消えて2ボタンに、Android 10からはすべてのボタンが消えてジェスチャーのみで操作する「ジェスチャーナビゲーション」に変更されている。慣れてしまえば素早く操作できるが、従来の慣れ親しんだ3つのボタンの方が良ければ、設定で変更しておこう。「設定」→「システム」→「操作」→「システムナビゲーション」から変更可能だ。

1 ジェスチャーナビゲーションの画面

新しい「ジェスチャーナビゲーション」だと、下部のナビゲーションバーが消え、ジェスチャーのみで操作する。アプリ履歴を開く場合などは少しコツが必要だ。

2 ナビゲーションバーの設定を開く

ジェスチャーナビゲーションが操作しづらいなら、従来の3つボタンに戻そう。「設定」→「システム」→「操作」→「システムナビゲーション」をタップ。

3 ナビゲーションバーを3ボタンに戻す

「3ボタンナビゲーション」にチェックすると、ナビゲーションバーを「戻る」「ホーム」「最近使用したアプリ」の3ボタン構成に戻すことができる。

002 Wi-Fi Wi-FiのパスワードをQRコードで共有する

QRコードを読み取るだけでWi-Fi接続できる

Android 10以降のスマートフォンには、接続済みのWi-Fiパスワードを、他のユーザーとQRコードで共有する機能が用意されている。家に遊びに来た友人などに、いちいち十数桁のパスワードを伝えなくても、QRコードを読み取ってもらうだけで簡単に接続が完了するので覚えておこう。QRコードを読み取って接続する側は、別途QRコードリーダーアプリなどを使うか、Android 10以降の機種であれば、接続するWi-Fiネットワーク名をタップして、パスワード入力欄右のボタンからQRコードリーダーを起動できる。

1 接続中のWi-Fiの「共有」をタップ

共有する側は「設定」→「ネットワークとインターネット」→「Wi-Fi」を開き、接続中のWi-Fiネットワークの歯車ボタンをタップ。続けて「共有」をタップ。

2 QRコードを読み取ってもらう

Wi-FiのパスワードがQRコード化される。他のユーザーがQRコードリーダーアプリなどで読み取れば、このWi-Fiに接続することが可能だ。

3 Wi-Fi設定からQRコードを読み取る

接続する側もAndroid 10以降なら、設定からWi-Fi名をタップすると、パスワード欄横にQRコードボタンが表示されるので、タップしてQRコードリーダーを起動できる。

10

ANDROID SMARTPHONE

003
画面操作

ダークテーマで見た目も気分も一新しよう

Android 10以降のスマートフォンであれば、黒を基調とした暗めの配色「ダークテーマ」に切り替えることが可能だ。設定画面などの他にも、PlayストアやChromeなど、ダークテーマに対応するアプリの画面が黒基調に切り替わる。ダークテーマの画面は、見た目がクールでかっこいいという他にも、全体の輝度が下がるので目に優しく、光量が減ることでバッテリーの使用量を節約できるメリットもある。暗い場所で見ても目が疲れにくいので、夜間だけダークモードに変更するのもおすすめだ。

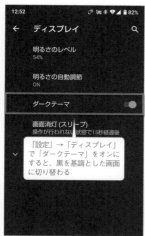

「設定」→「ディスプレイ」で「ダークテーマ」をオンにすると、黒を基調とした画面に切り替わる

今のところPlayストアやGmail、Chrome、Gmail、YouTube、ドライブ、カレンダー、フォトといったアプリがダークテーマに対応している

004
画面操作

クイックスイッチで直前に使ったアプリを表示

直前に使っていたアプリに切り替えたいときは、一度アプリの履歴を開いてから切り替えなくても、「最近使用したアプリ」キーをダブルタップするだけで、「クイックスイッチ」機能により即座に直前のアプリに戻ることができるので覚えておこう。この機能はホーム画面でも利用可能だ。なお「ジェスチャーナビゲーション」や「2ボタンナビゲーション」（No001で解説）を使っている場合は、画面下部に小さく表示されるバーを左右にスワイプするだけで、前のアプリや次のアプリに切り替えできる。

「最近使用したアプリ」キーをダブルタップすると、直前に使用したアプリが即座に表示される。2つのアプリを行き来したい時に便利

「ジェスチャーナビゲーション」や「2ボタンナビゲーション」の時は、画面下部のバーを左右にスワイプするだけで、前のアプリや次のアプリに切り替えできる

005
画面操作

クイック設定ツールを素早く利用する

ステータスバー部分を下へスワイプすることで通知パネルを表示でき、同時にクイック設定ツールの一部のボタンも利用できる。通常、クイック設定ツールの全体を表示するには、さらにもう一度下へスワイプする必要があるが、ステータスバーからスワイプする際に、2本指を使用すると、はじめからクイック設定ツールの全体を表示可能だ。最初のスワイプで表示されないボタンや画面の明るさ調整スライダーへ素早くアクセスしたい時に有効な操作法なのでぜひ覚えておきたい。

ステータスバーから1本指で下へスワイプ。クイック設定ツールは一部しか表示されない

ステータスバーから2本指で下へスワイプ。クイック設定ツールの全体が表示される

006
画面操作

自動回転オフでも画面を横向きにする

寝転がってスマートフォンを見ようとすると、画面が勝手に回転してしまうので、普段は自動回転を無効にして縦向きで固定している人は多いだろう。ただ、動画などを横向きで見たい場合などは、いちいち通知パネルを開いて自動回転をオンに戻し、見終わったらまた自動回転をオフに戻す……という一手間がかかってしまう。Android 9以降の端末なら、自動回転を無効にしたままでも、ナビゲーションバーの回転ボタンをタップするだけで、すぐに横向き画面にできるようになっているので、覚えておこう。

画面の自動回転は無効にしたままで良い。スマートフォンを横向きにしても画面は回転しないが、ナビゲーションバーの端に回転ボタンが表示されるので、これをタップしよう

このように、画面が横向きに変わる。縦向きに戻したい場合は、ナビゲーションバーの回転ボタンを再度タップすればよい

マスト!

007

画面操作

マルチウィンドウ機能で
2つのアプリを同時利用

■ 画面を2分割して
マルチタスク
を実現する

Androidデバイスには、画面を2分割して別々のアプリを同時に利用できる「マルチウィンドウ機能」が搭載されている。OSのバージョンや機種によって操作が異なるが、基本的にAndroid 8以前の機種なら「最近使用したアプリ」キーをロングタップすることで画面を分割できる。Android 9以降の機種では、最近使用したアプリの一覧を開いて、上部に表示されるアイコンをタップし、メニューから「分割画面」をタップすればよい。縦向き画面では上下、横向き画面の場合は左右に画面が分割される。

1 Android 8以前で
画面を分割する

ロングタップ

Android 8以前では、「最近使用したアプリ」キーをロングタップすると表示中のアプリが上半分に分割されるので、下画面で他のアプリを選択すればよい。

2 Android 9以降で
画面を分割する

アイコンをタップ

メニューから「分割画面」をタップ

アプリ情報

分割画面

Android 9以降では、まず最近使用したアプリ一覧を開いて、分割表示したいアプリのアイコンをタップ、続けて「分割画面」をタップ。下画面で別のアプリを選択する。

3 マルチウィンドウ
を解除する

中央の仕切りを上下（左右）にドラッグして解除

マルチウィンドウを解除するには、「最近使用したアプリ」キーを再度ロングタップするか、中央の仕切りを上下（左右）いっぱいまでドラッグする。

マスト!

008

サウンド

不要な操作音や
バイブレーションをオフにする

■ 操作の音が
気になるなら
最初にオフにする

多くの機種では、標準状態のままだと操作キーや各種メニューをタップするたびに音が鳴り、バイブレーションも動作する。また、電話のダイヤルキーをタップした際も音が鳴るようになっている。確実に操作した感触が得られる仕様だが、これが煩わしい場合はあらかじめすべてオフにしておこう。「設定」→「音」画面の項目で不要なサウンドのスイッチをオフにすればよい。なお、各種操作音は、音量を下げてマナーモードにすれば消音される。また、サイレントモードにすればバイブも無効になる。

1 各種操作音と
バイブをオフに

各スイッチをオフにしよう

「設定」→「音」→「その他のサウンド設定」や「詳細設定」などで不要なサウンド、バイブのスイッチをオフに。

2 キーボードの操作音
をオフにする

「キー操作音」「キー操作バイブ」のスイッチをオフに

機種によっては、キーボードの操作音もオンになっているので、「設定」→「システム」→「言語と入力」→「仮想キーボード」でキーボードを選び、キーボードの設定で「キー操作音」や「キー操作バイブ」をオフにしよう。

3 シーンに応じて
操作音を消すには

音量キーを押すと、画面右に音量変更バーと、マナーボタンが表示される。マナーボタンをタップして「バイブ」か「ミュート」にすると操作音は消える。ただし、バイブは動作し続けるので設定でオフにしよう

必要に応じて消音したい場合は、音量キーを押して、画面右に表示されるバーの上部ボタンを、「バイブ」または「ミュート」にすればよい。

009

通話

通話中に行える
さまざまな操作を覚えておこう

電話を切らなくても
さまざまな機能を
同時に利用できる

　スマートフォンは、電話アプリを使って電話の発着信を行う。この電話アプリには、通話に関する便利な機能がいくつも備わっているので覚えておこう。通話中の画面には、赤い受話器マークの通話終了ボタンと共に、自分の音声を相手に聞こえないようにする「ミュート」、音声ガイダンスの番号入力に使える「キーパッド」、相手の音声をスピーカーから出力する「スピーカー」などが表示される。また、通話中でもホームキーを押せばホーム画面に切り替わり、通話を継続しながら他のアプリを利用できる。

1 キーパッドで
番号を入力する

西川 希典
00:12

宅配便の再配達サービスやサポートセンターでなどで番号入力が必要な時は、「キーパッド」をタップして数字を入力しよう。

2 自分の音声の消音と
スピーカー通話

西川 希典
00:27

それぞれ再度タップすれば機能がオフになる

「ミュート」をタップで、自分の音声が相手に聞こえなくなる。「スピーカー」をタップで、スピーカーフォンを利用可能。

3 通話しながら
他のアプリを使う

通話中は受話器のアイコンが表示される

電話・00:52 ∧
西川 希典
通話中
通話終了

通話画面に戻るには、通知パネルの通話中パネルをタップする

通話中でもホーム画面に戻って、他のアプリを利用可能。なお、通話状態では、ステータスバーに受話器のアイコンが表示される。

010

画面設定

スリープまでの時間とロック
までの時間を適切に設定する

使い勝手と
セキュリティを
バランス良く

　スマートフォンは、しばらくタッチパネルを操作しないと、自動的に画面が消灯しスリープ状態となる。また、そのまま操作しないと画面にロックがかかり、指紋認証やパスコードなどでロックを解除しないと端末を利用することができなくなる（要設定）。このスリープするまでの時間とロックするまでの時間は、それぞれ個別に設定可能だ。セキュリティや省電力の面では、どちらも短い方がよいが、すぐにスリープおよびロックしてしまうと使い勝手が悪い。バランスをみて、自分に合った時間に設定しよう。

1 スリープするまでの
時間を設定する

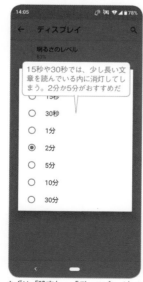

ディスプレイ

明るさのレベル

15秒や30秒では、少し長い文章を読んでいる内に消灯してしまう。2分か5分がおすすめだ

○ 15秒
○ 30秒
○ 1分
◉ 2分
○ 5分
○ 10分
○ 30分

まずは「設定」→「ディスプレイ」や「画面」にある「スリープ」で、スリープするまでの時間を設定する。

2 ロックするまでの
時間を設定する

AQUOS R3の場合は、「セキュリティ」で「画面ロック」の右にある歯車ボタンをタップし、「自動ロック」をタップ。安全性と使い勝手のバランスを考えて設定しよう。あらかじめ画面のロックの設定を行っておく必要がある

◉ 5秒後
○ 15秒後
○ 30秒後
○ 1分後
○ 2分後
○ 5分後
○ 10分後
○ 30分後

スリープしてからロックするまでの時間は、「設定」→「セキュリティ」画面の歯車ボタンや「安全なロック設定」をタップし、「自動ロック」で変更できる。

3 電源キーで即座に
ロックする設定

画面ロック

自動ロック
画面消灯から5秒後（Smart Lockがロック解除を管理している場合を除く

電源ボタンですぐにロックする
Smart Lockがロック解除を管理している場合を除く

オンにしておく

「設定」→「セキュリティ」画面にある歯車ボタンや「安全なロック設定」などをタップし、「電源ボタンですぐにロックする」もオンにしておこう。

011 音声操作 「OK Google」でスリープ中でも Googleアシスタントを起動

マスト！

Voice Matchを有効にして自分の声を登録しよう

ホームキーの長押しで起動できる「Google アシスタント」。「明日の天気は？」「ここから○○までの道順は？」「Wi-Fi をオンに」「○○さんにメールして」などと呼びかけ、さまざまな情報検索や各種操作を行える音声アシスタント機能だ。そのままでも便利だが、さらに「Voice Match」機能を有効にし、自分の声を登録すれば、「OK Google」と発声することで、（機種によっては）アプリ使用中やスリープ中でもGoogle アシスタントを起動できる。Google アシスタントを多用するユーザーはぜひ設定しよう。

1 Googleアプリを起動する

標準インストールされている「Google」アプリを起動したら、下部メニューの「その他」を開き、「設定」→「音声」→「Voice Match」をタップ。

2 Ok Googleを有効にする

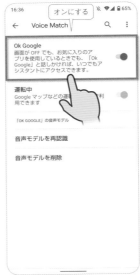

「Ok Google」のスイッチをオンにして「次へ」をタップ。画面の指示に従い、何度か「Ok Google」と話しかけて自分の声を登録しよう。

3 「OK Google」でロックも解除できる

---

012 サウンド 各種音量を個別に調整する

マスト！

通常、本体の音量キーを押してコントロールできるのは、音楽や動画再生時のメディアの音量だ。電話やLINEの着信音や通話中の音量、アラームの音量を変更したい場合は、音量キーを押して表示されるスライダーの下部にある、設定ボタンをタップしよう。各種 音量の設定画面が表示されて、メディアの音量、通話の音量、着信音の音量、アラームの音量をスライダーで個別に設定することができる。なお、この設定画面は、「設定」→「音」でも表示することが可能だ。

音量キーを押すと、画面右端にスライダーが表示され、基本的にメディアの音量を調整できる。他の音量を調整したい場合は、下部にある設定ボタンをタップ

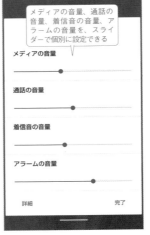

メディアの音量、通話の音量、着信音の音量、アラームの音量を、スライダーで個別に設定できる

---

013 着信音 相手によって着信音を変更しよう

スマートフォンには多様なサウンドの着信音が用意されており、連絡先に登録されている人ごとに別々の音を割り当てることができる。また、端末に転送した音楽ファイルを着信音として設定することも可能だ。家族や友人の着信音だけ好みの音楽にしたり、重要 な取引先だけサウンドを変更するなど、さまざまな設定パターンが考えられる。なお、音楽ファイルを着信音に設定する場合は、通常はイントロから再生されるが、着信音作成アプリ（機種によっては標準でインストールされている）で、鳴らしたい部分を指定可能だ。

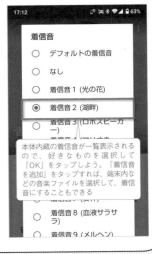

「連絡帳」アプリで着信音を変更したい連絡先を選択し、右上のオプションメニューボタンから「着信音を設定」をタップ

本体内蔵の着信音が一覧表示されるので、好きなものを選択して「OK」をタップしよう。「着信音を追加」をタップすれば、端末内などの音楽ファイルを選択して、着信音にすることもできる

014 【通話】 電話に出られない時は メッセージで応対しよう

出られないことや 後でかけ直す旨を SMSで送信する

会議中や移動中など電話で会話できない時、SMS で応答拒否メッセージを送信することができる。電話に出てコソコソと「後でかけ直します」と応答しなくても「会議中です。後でかけ直します」といった具体的な状況をテキストで届けることが可能なので、失礼な対応も避けられるだろう。メッセージは標準で4つ用意されており、それぞれ自由に編集可能だ。例えば頻繁に電車移動をする人は「電車で移動中です。駅に着いたら折り返します」といったメッセージを用意しておけば使い勝手がよい。

1 着信の通知を タップする

タップすると電話アプリの画面に切り替わる

電話が着信すると画面上部にバナーとして通知される。「拒否」でも「応答」でもなく、名前や電話番号の表示部分をタップしよう。

2 電話着信画面から SMSを送信する

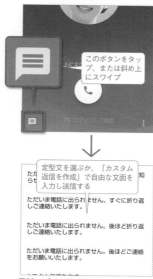

このボタンをタップ、または斜め上にスワイプ

定型文を選ぶか、「カスタム返信を作成」で自由な文面を入力し送信する

ただいま電話に出られません。ご用件をお知らせください。

ただいま電話に出られません。すぐに折り返しご連絡いたします。

ただいま電話に出られません。後ほど折り返しご連絡いたします。

ただいま電話に出られません。後ほどご連絡をお願いいたします。

電話アプリの着信画面になったら、左下にあるメッセージボタンをタップするか斜め上にスワイプする。定型文が表示されたら選んで送信しよう。

3 よく使うメッセージを 編集、登録する

クイック返信の編集

ただいま電話に出られません。ご用件をお知らせください。

ただいま電話に出られません。すぐに折り返しご連絡いたします。

ただいま電話に出られません。後ほど折り返しご連絡いたします。

ただいま電話に出られません。後ほどご連絡をお願いいたします。

編集したいメッセージをタップして変更する

プリセットのメッセージは編集も可能。電話アプリの画面右上にあるオプションメニューボタンをタップし、「通話設定」を開く。続けて「応答拒否SMS」や「クイック返信」をタップして、メッセージの編集を行おう。

---

015 【電話】 かかってきた電話の 着信音を即座に消す

着信音で周りに迷惑をかけないよう、シーンに応じてマナーモード（サイレントモード）を利用したいが、つい忘れてしまうことも多い。かかってきた電話に素早く対処しようとしても、焦ってうまく操作できないこともある。そんな時は音量キーの上下どちらかを押すだけで着信音が消えることを覚えておこう。サウンドが消えるだけで着信状態は続いているので、落ち着いて応答、拒否、SMSで返信などの操作を行おう。留守番電話サービスや伝言メモを設定している場合は、そのまましばらく待っていれば自動的に機能が実行される。また、電源キーを押しても着信音を消すことができるが、この場合は画面が消灯しロックされてしまうので注意しよう。この場合も着信状態は続いている。

---

016 【クイック設定】 クイック設定ツールを カスタマイズする

画面上部から下へスワイプして表示できるクイック設定ツールには、Wi-FiやBluetooth、機内モードのオン／オフやライトの点灯などをワンタップで行えるタイルが並んでいる。このタイルの内容や配置は自由にカスタマイズ可能だ。まず、クイック設定ツールを表示し、タイル一覧の上か下にある鉛筆ボタンをタップ。各タイルをドラッグして配置の変更が可能だ。さらに、下のエリアからタイルを追加することもできる。Playストアからインストールしたアプリの機能が、タイルとして用意されている場合もあるので確認しよう。

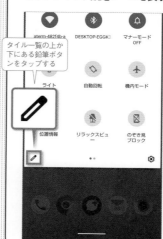

タイル一覧の上か下にある鉛筆ボタンをタップする

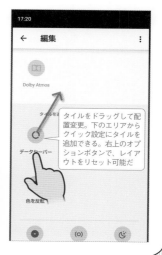

タイルをドラッグして配置変更。下のエリアからクイック設定にタイルを追加できる。右上のオプションボタンで、レイアウトをリセット可能だ

017 アプリ アプリの長押しメニューを活用しよう

アプリごとに便利なショートカットを利用できる

ホーム画面やアプリ管理画面でアプリをロングタップしてみよう。メニューが表示され、さまざまな操作をショートカットで素早く行える。例えばGmailの場合は「作成」（新規メール作成）、連絡先では「連絡先を追加」、YouTubeでは「登録チャンネル」や「検索」など、メニューの内容はアプリによって異なる。また、機種によってはこのメニューからアプリのアンインストールを行える場合もある。さらに、メニューの項目をホーム画面にドラッグすれば、ショートカットアイコンが作成され、いつでもワンタップで利用可能になる。

1 アプリをロングタップする

アプリをロングタップしてメニューを表示。例えばChromeの場合は、「新しいタブ」と「シークレットタブ」のメニューを利用できる。

2 メニュー項目をホーム画面にドラッグ

メニューの項目をホーム画面にドラッグすると、ショートカットアイコンが作成され、機能をワンタップで利用できるようになる。

3 Playストアから入手したアプリで利用

Playストアからインストールしたアプリの中にも、長押しメニューを利用できるものがある。ただし、一部の機種では利用できないので注意しよう。

---

018 マスト！ バッテリー バッテリーの残量を数値でも表示する

バッテリーの残量はステータスバーにアイコンと数値で表示されるが、標準ではアイコン表示のみの機種もある。より正確に把握するために、数値の表示も有効にしておこう。「設定」→「電池」や「バッテリー」を開いて、「電池残量」といった項目をオンにしておこう。また機種によっては、バッテリー残量の数値を電池アイコンの横かアイコン内に表示するかを選択できるものもある。

バッテリー残量が数値でも表示されるようになった

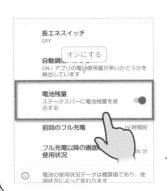

---

019 マスト！ バッテリー どこでも充電できるモバイルバッテリーを持ち歩こう

省エネ設定などで電池をもたせる工夫はできるが、それでも電池切れはスマホの最大の敵。そこで、スマートフォンとケーブルで接続して充電できるモバイルバッテリーを持ち歩こう。最近のスマートフォンは大容量バッテリーを備えた機種が多いので、モバイルバッテリーも重量とのバランスを見つつ、大容量のものを選びたい。10000mAh前後あれば、スマートフォンを2回ほどフル充電できる。また出力ポートがUSB-Cなら、USB PD（Power Delivery）対応の製品がおすすめ。USB PD対応ケーブルで接続すれば、フルスピードの高速充電が可能になる。

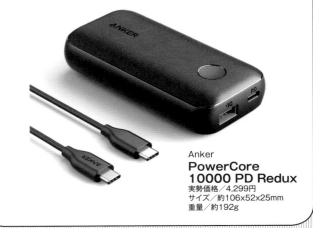

Anker
PowerCore
10000 PD Redux
実勢価格／4,299円
サイズ／約106x52x25mm
重量／約192g

020 ワイヤレス充電器を利用しよう

充電

いくつかの機種は、ワイヤレス充電の国際規格Qiに対応しており、同じくQi対応のワイヤレス充電器を使ってケーブルレスで充電できる。ケーブルの抜き差しが不要なだけでも快適だが、充電しながらUSB Type-C接続のイヤホンを使ったり、同じくUSB Type-C接続のアンテナケーブルを使ってフルセグ放送を楽しむことも可能だ（フルセグ対応機種のみ）。今回はスタンド型で縦置きにも横置きにも対応したAnkerの人気製品をおすすめしたい。iPhoneにも対応しているので、家族がiPhoneユーザーでも共用することができる。

Anker PowerWave 7.5 Stand
実税価格／2,799円

Galaxyシリーズなどに最大10Wで急速充電できる、スタンドタイプのワイヤレス充電器。7.5W出力にも対応しているので、iPhone 8以降の急速充電も可能だ。

021 ホーム画面のアプリ配置数を変更する

マスト！

画面設定

ホーム画面に配置できるアプリの数は、ホーム画面を分割するグリッド数によって決まる。機種によっては、このグリッド数を変更することが可能だ。まず、ホーム画面の何もない部分をロングタップするか、ホーム画面全体をピンチインする。下部にメニューが表示されるので、「設定」をタップしよう。続けて「ホーム画面の配置」などで、横×縦のグリッド数を選択する。グリッド数は、ウィジェットのレイアウトにも影響するので、設定変更後はウィジェットをロングタップし、サイズを調整しよう。

ホーム画面の何もない部分をロングタップするか、ホーム画面全体をピンチインしてメニューを表示。続けて「設定」をタップ

「ホーム画面の配置」などをタップし、グリッド数を選択する

022 よく使う単語や文章を辞書登録しておこう

マスト！

文字入力

文字入力を快適にする事前の準備

よく使うものの標準ではすぐに変換されない固有名詞や、ネットショッピングや手続きで入力が面倒な住所、メールアドレスなどは、ユーザー辞書に登録しておけば素早い入力が可能だ。例えば、「めーる」と入力して自分のメールアドレスに変換できれば、入力の手間が大きく省ける。また、挨拶などの定型文を登録しておくのも便利な使い方だ。ここでは、Googleのキーボード「Gboard」での辞書登録方法を紹介するが、他のキーボードでも同じような操作なので、迷うことはないはずだ。

1 ユーザー辞書を登録する

タップして登録開始

単語リストに保存された単語はありません。単語を追加するには、追加ボタン [+] をタップします。

「設定」→「システム」→「言語と入力」→「仮想キーボード」→「Gboard」→「単語リスト」→「単語リスト」→「日本語」でユーザー辞書登録画面を開き、「+」ボタンをタップ。Gbord以外のキーボードを使っている場合は、「仮想キーボード」で使用中のキーボードを選び、「辞書」や「ユーザー辞書」といったメニューを開こう。

2 単語と読みを登録する

東京都新宿区四谷三栄町12-4

よみ：じゅうしょ

ここでは「じゅうしょ」と入力して、実際の住所に変換できるようにした

上の欄に単語（変換したい固有名詞やメールアドレス、住所、定型文など）を入力。下の欄に入力文字（読みなど）を入力する。

3 変換候補を確認しよう

「じゅうしょ」と入力した際の変換候補に、登録した住所が表示されるようになった

023 片手操作 片手でも使いやすくする機能を利用する

手が小さくても指が届くようにする便利機能

スマートフォンの大画面化によって、片手操作時に画面の上部に指が届かず使いづらいというユーザーも多い。そこで片手でも使いやすくするよう、さまざまな機能が搭載されている。画面をスワイプして表示エリアを縮小し、全体に指が届きやすくする「ミニ画面表示」や「片手モード」機能を使えば、片手でも通知パネルを引き出しやすくなる。また、キーボードによっては、片手での文字入力を行いやすいよう、レイアウトを左右に寄せる機能を搭載している。手が小さいユーザーは、ぜひ試してみよう。

1 あらかじめ機能を有効にしておく

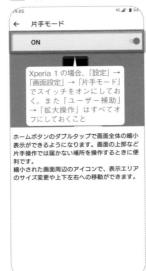

Xperia 1 の場合、「設定」→「画面設定」→「片手モード」でスイッチをオンにしておく。また「ユーザー補助」→「拡大操作」はすべてオフにしておくこと

ホームボタンのダブルタップで画面全体の縮小表示ができるようになります。画面の上部など片手操作では届かない場所を操作するときに便利です。
縮小された画面周辺のアイコンで、表示エリアのサイズ変更や上下左右への移動ができます。

片手用の表示モードを利用できるよう、あらかじめ機能を有効にしておこう。利用しない場合は、誤操作しないよう機能を無効にしておいた方がよい。

2 画面全体を縮小表示する

ダブルタップ

ホームボタンをダブルタップすると、画面が右下または左下に寄って縮小する。エリア外をタップすれば元に戻る。

3 キーボードの片手モード

片手モード

スペースにある「<」や「>」をタップして、右手用もしくは左手用に変更する

Gboardの場合は、キーボード上部のオプションメニューボタン（3つのドット）をタップ。続けて「片手モード」をタップする。

024 通信使用状況 指定した通信量に到達したら通知で知らせる

段階制プランだと、少し通信量をオーバーしただけで次の段階の料金に跳ね上がる。また定額制プランでも段階制プランでも、決められた上限を超えて通信量を使い過ぎると、通信速度が大幅に制限される。このような事態を避けるために、指定した通信量に達したら警告が表示されるよう設定しておこう。また、指定した上限に達したらモバイルデータ通信を停止することもできる。毎日ネットで動画を観ているようなユーザーは、1日に使う通信量を決めておき、警告が表示されたら通信を控えるようにしよう。

6月1日〜30日

211 MB 使用

「設定」→「ネットワークとインターネット」→「モバイルネットワーク」→「アプリのデータ使用量」で、上部の歯車ボタンをタップ

6月1日   7月1日

デバイスで記録されるデータ使用量と携帯通信会社のデータ使用量は異なる場合があります

Chrome
151 MB

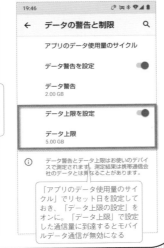

データの警告と制限

アプリのデータ使用量のサイクル

データ警告を設定

データ警告
2.00 GB

データ上限を設定

データ上限
5.00 GB

データ警告とデータ上限はお使いのデバイスで測定されます。測定結果は携帯通信会社のデータとは異なることがあります。

「アプリのデータ使用量のサイクル」でリセット日を設定しておき、「データ上限の設定」をオンに。「データ上限」で設定した通信量に到達するとモバイルデータ通信が無効になる

025 通知 通知をスワイプして設定やスヌーズを利用

通知パネルに表示される各通知を左右にスワイプすると、削除することができるが、スワイプを途中で止めることでスヌーズと設定の2つのボタンが表示される。まず、時計ボタンがスヌーズで、一定時間後に再度通知を表示する機能だ。タップして再通知するまでの時間を選択しよう。また、歯車ボタンをタップすると、このアプリからの通知を「サイレント」に設定したり、「通知をOFFにする」でオフにできる。「サイレント」は、着信音が鳴らずバイブも動作しないが、通知だけは表示するモードだ。

Google・12分
28°・東京
今日より 4° 低い予想です　詳しい

管理   すべて消去

6月10日(水)

スヌーズ: 1時間   元に戻す

15分

通知を左右にスワイプして途中で止め、時計ボタンをタップすると、再度通知するまでのスヌーズ時間を選択できる。Android 10以降は標準だとスヌーズが非表示なので、「設定」→「アプリと通知」→「通知」で「通知のスヌーズを許可」をオンにしておこう

歯車ボタンをタップして「サイレント」を選択すると、着信音もバイブも鳴らさず通知だけ表示するようになる。「通知をOFFにする」で通知をオフにすることもできる

サイレント

Google

毎日の天気予報

アラートを受け取る

サイレント
音やバイブレーションが作動しないため、通知に煩わされずに済みます。

通知を OFF にする   完了

管理   すべて消去

マスト！
026
ファイル管理

端末に保存された
ファイルを探し出す

標準搭載の
ファイル管理
アプリを使う

Webサイトからダウンロードした画像など、端末のどこに保存されているかわからないファイルは、Googleのファイル管理アプリ「Files by Google」で探そう。標準でインストールされていない場合は、Playストアから入手できる。内部ストレージやSDカードのフォルダを開いて確認できるほか、「ダウンロード」「画像」「動画」などカテゴリ別に探したり、強力な検索機能で目的のファイルを素早く探し出せる。また、不要なファイルの候補を提案して空き容量を増やす機能なども備えている。

1 「見る」画面で
ファイルを探す

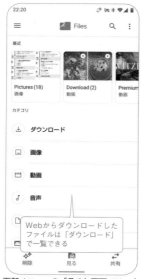

Webからダウンロードした
ファイルは「ダウンロード」
で一覧できる

下部メニューの「見る」画面では、内部ストレージやSDカードの中身を確認できるほか、カテゴリ別やキーワード検索で、端末内のファイルを探すことができる。

2 ファイルを移動、
コピーする

複数のファイルを選択状態にして右上のオプションボタンをタップすると、ファイルのコピーや移動、Googleドライブへのバックアップを行える。

3 不要なファイルを
削除する

「削除」画面では、アプリの一時ファイルや重複ファイル、使用していないアプリなど不要なファイルが提案され、ワンタップで削除して空き容量を増やせる。

027
ファイル転送

データ通信を使わずスマホ同士で
ファイルをやり取りする

Files by Google
で近くの相手と
ファイル共有

Android 10以降では、NFCを利用してAndroid端末同士でファイルをやり取りする「Android Beam」機能が消えてしまった。代わりに、No026で解説している「Files by Google」を使えば、データ通信を使わずに近くの相手とファイルを共有できるようになっている。アプリを起動したら「共有」画面を開き、ファイルを送る側は「送信」、受け取る側は「受信」をタップ。相手の名前をタップして接続を済ませたら、ファイルを選択して送信しよう。双方の端末で、Bluetoothと位置情報がオンになっている必要がある。

1 Files by Google
の共有を開く

Files by Googleで下部メニューの「共有」を開き、「送信」をタップ。名前を入力したら、ファイルを送りたい相手に同じ画面で「受信」をタップしてもらおう。

2 検出された相手
をタップして接続

付近のユーザーとして送りたい相手の名前が表示されるので、これをタップすると接続待機になる。相手が「接続」をタップすると接続が完了する。

3 ファイルを選択
して送信する

あとは送りたいファイルにチェックを入れて「送信」をタップすると、データ通信を使わずに相手にファイルを送信することができる。

マスト！ 028 アプリ購入時も指紋や顔で認証を行う

セキュリティ

指紋認証や顔認証に対応したスマートフォンでは、画面のロック解除のみならず、Playストアでの有料コンテンツ購入時にも生体認証機能を利用可能だ。「Playストア」アプリの三本線ボタンをタップしてサイドメニューを表示し、「設定」で「生体認証」をオ

ンにする。次に、その下の「購入時には認証を必要とする」をタップし設定を行う。これでPlayストアで支払いが発生する際には、指紋や顔による認証処理が必要となる。セキュリティ強度アップや誤購入の防止と共に、購入操作もスムーズになる。

Playストアのサイドメニューで「設定」を開き、「生体認証」をオンにする。さらに「購入時には認証を必要とする」で「このデバイスでGoogle Playから購入するときは常に」か「30分毎に」を選択する

アプリなどの有料コンテンツ購入時は、「1クリックで購入」をタップすると、指紋や顔による生体認証を求められるようになる

029 日本語と英語のダブル検索でベストアプリを発見

画面操作

Playストアでアプリを探す際は、単純に日本語だけで検索していないだろうか。自分の目的にあったアプリをしっかり探し出すには、検索キーワードに工夫が必要だ。たとえば、リマインダー系のアプリを探す場合、「リマインダー」と検索するだけでは不十分。

英語の「reminder」でも検索してみよう。すると、また別のアプリが表示されるはずだ。他にも、「タスク管理」「Task」「ToDo管理」「ToDo list」など、同じ機能を表す他の言い回しで検索してみれば、幅広い検索結果から優秀なものを探し出せるはずだ。

うまくアプリを探し出すにはいくつか検索キーワードをいくつか変えてみるのが重要。例えば「リマインダー」ではこのような検索結果

英語の「reminder」で検索すると、また違うアプリが上位に表示される。日本語の検索結果の方が日本語に最適化されたものがヒットしやすいですが、英語だとダウンロード数や評価の高いアプリがヒットしやすい。見比べて、良さそうなアプリを選ぼう

---

030 **ストレージ** microSDカードを挿入して使えるメモリを増やす

最大で400GBまでメモリを追加可能

本体搭載のメモリで足りないようなら、microSDカードを購入してメモリを追加しよう。多くの最新スマートフォンはmicroSD、microSDHC、microSDXCを利用でき、microSDXCなら最大400GBまで対応している（対応規格および対応容量は、機種によって異なるのでメーカーの公式サイトなどで確認しておこう）。利用するには、まず電源を切り、メモリ用のトレイを引き出す。トレイにmicroSDカードをセットして再度電源を入れよう。「設定」→「ストレージ」に「SDカード」と表示されれば、メモリがきちんと認識されている。

1 microSDカードを本体にセットする

本体の電源を切り、付属のツールやピンを使ってトレイを引き出す。機種によってはカバーを開けてトレイを引き出すものもある。microSDカードをセットし、再度電源を入れよう。

2 microSDカードが認識された

タップして内容を表示

microSDカードが認識されると、通知パネルに表示される機種もある。基本的には「設定」→「ストレージ」に「SDカード」が表示されていればOKだ。

3 データの確認や移動を行う

No026で解説した「Files by Google」を使って、microSDカード内のデータを確認しよう。内蔵メモリからSDカードへデータを移動することもできる。

電話・メール・LINE

スマートフォンには電話をもっと便利に使うための
機能も多数搭載されている。また、電話の機能を
強化するアプリを使えるのもAndroidならではだ。
ここでは、電話の便利技とGmailや
LINEの一歩進んだテクニックを公開する。

マスト！ 031 留守番電話 伝言メモや留守番電話を設定する

伝言メモと留守番電話の違いを理解して使い分けよう

かかってきた電話に出られない時、スマートフォンには、相手の伝言メッセージを録音してあとから聞く方法が2種類用意されている。ひとつは、スマートフォンに標準で用意されている「伝言メモ」機能を使う方法。もうひとつは、各通信キャリアの留守番電話サービスを契約する方法だ。

「伝言メモ」は、有料の留守番電話サービスを契約しなくても、無料で伝言メッセージを録音できる機能だ。伝言メッセージは端末内に保存されるので、メモリ容量さえ空いていれば、録音時間も保存期間も件数も制限がない（機種によっては制限があるので注意しよう）。また伝言メッセージの再生に通話料がかからず、圏外の状態でも確認できるのが特徴だ。ただし、留守番電話とは異なり、圏外や電源が切れた状態ではメッセージを録音できないので注意しよう。

一方、キャリアの留守番電話サービスを使う場合、ドコモは「留守番電話サービス」（月額300円）、auは「お留守番サービスEX」（月額300円）、ソフトバンクは「留守番電話プラス」（月額300円）を契約する必要がある。伝言メモと比べると、伝言メッセージの確認に通話料がかかるほか、保存件数／期間に制限があるのがデメリットだが、録音可能な時間は3分と長く、通話中でも伝言メッセージが録音されるというメリットもある。

>>> 伝言メモ機能でメッセージを録音・再生する

1 伝言メモ機能を有効にする

「電話」アプリを起動し、右上のオプションメニューから「設定」→「通話」→「伝言メモ」や「簡易留守録」をタップ。機能をオンにしておけば、伝言メモが有効になる。

2 伝言メモでメッセージが録音される

電話の呼び出し中に設定した応答時間を過ぎると、伝言メモが起動し、伝言メッセージの録音が開始される。

3 録音された伝言メモを再生

録音された伝言メモは、「電話」アプリのオプションメニューから「設定」→「通話」を開き、「伝言メモ」や「簡易留守録」にある伝言メモリストで再生できる。

>>> 各キャリアの留守番電話サービスを利用する

4 留守番電話サービスを契約する

まずは各キャリアの留守番電話サービスを契約しよう。オプションセットで契約したほうがお得だ。

5 留守番メッセージを確認する

録音された伝言を再生するには、1417（ソフトバンクは1416）で留守番電話サービスに発信すればよい。機種によっては、「1」をロングタップしても発信できる。

POINT

各キャリアの留守番電話サービス

docomo
「留守番電話サービス」
利用料金……300円／月
保存期間……72時間
保存件数……20件
録音時間……3分

au
「お留守番サービスEX」
利用料金……300円／月
保存期間……7日間
保存件数……99件
録音時間……3分

SoftBank
「留守番電話プラス」
利用料金……300円／月
保存期間……7日間
保存件数……100件
録音時間……3分

032 着信拒否 着信拒否を詳細に設定する

着信拒否は複数の手段を使い分けよう

しつこい勧誘の電話や迷惑な電話は、着信拒否機能で排除しよう。電話アプリの右上にあるオプションメニューボタン（3つのドット）から「設定」→「通話」→「着信拒否設定」を開き、「番号を追加」をタップすれば、着信拒否したい番号を個別に登録できる。連絡先や通話履歴からも着信拒否の番号を指定可能だ。なお、電話アプリや設定に着信拒否設定が用意されていない機種の場合は、各キャリアが提供する着信拒否サービスを利用する方法もある。

着信拒否番号をより細かく管理したい場合は、「Calls Blacklist」というアプリがオススメだ。拒否したい番号を「ブラックリスト」タブに登録しておけば、その電話からの着信を自動的に拒否してくれる。リストへの登録は、着信履歴や連絡先から手軽に選択できるほか、0120などの先頭番号も登録できる。また、「スケジュール」タブでブラックリストを有効にする時間帯を設定したり、設定で非通知番号や連絡先に未登録の番号もまとめてブロックすることも可能だ。「Calls Blacklist」をデフォルトのSMSアプリに設定しておけば、SMSもブロックできるようになる。

APP
Calls Blacklist
作者／Vlad Lee
価格／無料

>>> 標準機能で着信拒否を行う

1 「着信拒否設定」をタップする

電話アプリを起動し、画面右上のオプションメニューボタンから「設定」→「通話」→「着信拒否設定」をタップする。

2 番号指定拒否をタップする
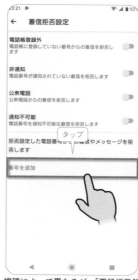
機種によって異なるが、「電話帳登録外」や「非通知」「公衆電話」などの着信を拒否できる。特定の番号を拒否したい場合は、「番号を追加」をタップ。

3 着信拒否したい電話番号を追加

着信拒否したい番号を入力して追加しよう。電話帳や発着信履歴からも、着信拒否番号を選択できる。

>>> Calls Blacklistで詳細な拒否設定

1 権限を許可して「+」をタップ

アプリを起動して各種権限の許可を済ませたら、右下の「+」をタップしよう。SMSもブロックするには、デフォルトのSMSアプリを変更する必要がある。

2 ブラックリストに追加する番号を登録

着信拒否したい相手の電話番号を登録しよう。電話番号を直接入力できるほか、通話履歴や連絡先から登録したり、0120などの先頭番号も登録できる。

3 スケジュールを設定する

上部「スケジュール」タブでスイッチをオンにすると、指定した時間帯のみ着信を拒否できる。曜日で設定するにはPRO版が必要。

033
イヤホン
通話もできるワイヤレスイヤホンを利用しよう

最近のスマートフォンはイヤホンジャックが廃止された機種が多く、有線イヤホンを接続するには、USB Type-Cモデルを使うか変換アダプタが必要となる。しかし有線のイヤホンやヘッドホンを使うと、充電しながら音楽を聴けないなど何かと不便だ。そこで、

Bluetooth接続のワイヤレスイヤホンへの買い替えをおすすめする。特に、左右のイヤホンが完全に分離した、完全ワイヤレスイヤホンがコンパクトでおすすめ。ほとんどの機種はマイクが内蔵されており、ハンズフリーでの通話も可能だ。

Anker
Soundcore Liberty Air 2
実勢価格／7,999円

Bluetooth 5.0対応の完全ワイヤレスイヤホン。ノイズキャンセリング搭載、生活防水対応で、低価格帯ながら音質の評価も高い。本体で最大7時間、付属の充電ケースで最大28時間の使用が可能。

ヤマハ
TW-E3A
実勢価格／7,550円

音量に応じて音のバランスを最適化する「リスニングケア」を備えた、ヤマハのBluetooth 5.0対応完全ワイヤレスイヤホン。生活防水対応。本体で最大6時間、充電ケースで最大24時間再生が可能。

034
電話
電源ボタンを押して通話を終了できるようにする

電話アプリで通話を終了するには、通話画面の下に大きく表示されている通話終了ボタンをタップすればいいが、通話を終えるのにいちいち画面を確認するのは煩わしい場合もあるだろう。そこで、「設定」→「ユーザー補助」にある「電源ボタンで通話を終了」と

いった項目ををオンにしておこう。本体側面の電源キーを押すだけで、すぐに通話を終了できるようになる。なお、この設定を適用したあとも画面の「通話終了」ボタンは有効だ。電話を切る手段が2つになると思えばいい。

「設定」→「ユーザー補助」をタップ

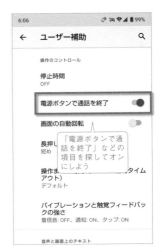

「電源ボタンで通話を終了」などの項目を探してオンにしよう

035
電話
留守電を文字と音声で受信する

留守番電話に残されたメッセージ内容を、自動的にテキスト化してプッシュ通知してくれる、ソースネクストの留守番電話サービス。いちいち留守番電話サービスにかけ直さなくても、すぐにメッセージ内容を確認できる。利用料金は月額310円。

スマート留守電
作者／SOURCENEXT CORPORATION
価格／無料

購入する前に、まず「留守電のテスト」をタップして動作を検証しておこう。テスト用の電話番号に発信すると、スマート留守電に接続され、メッセージを録音できる

留守番電話のメッセージが自動的にテキスト化され、プッシュ通知される。再生ボタンをタップすれば音声でも確認できる

メッセージは音声でも確認できます

036
連絡先
連絡先をラベルでグループ分けする

標準インストールされている「連絡帳」アプリでは、連絡先を「ラベル」でグループ分けすることもできる。連絡帳アプリを起動したら、左上の三本線ボタンをタップしてメニューを開き「ラベルを作成」をタップ。「仕事」や「友人」といったラベルを作成し

ておこう。あとはラベルを開いて右上の追加ボタンをタップし、連絡先を追加していけばよい。連絡先を一つ選んでロングタップすると複数選択モードになるので、他の連絡先をタップして選択いけば、複数の連絡先をまとめて登録することが可能だ。

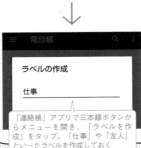

「連絡帳」アプリで三本線ボタンからメニューを開き、「ラベルを作成」をタップ。「仕事」や「友人」といったラベルを作成しておく

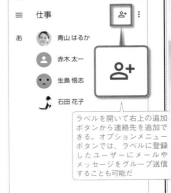

ラベルを開いて右上の追加ボタンから連絡先を追加できる。オプションメニューボタンでは、ラベルに登録したユーザーにメールやメッセージをグループ送信することも可能だ

037

連絡先

連絡先のデータを パソコンで編集する

Googleアカウントに 保存してGoogle コンタクトで編集

スマートフォンの連絡先は、Google アカウントに保存しておけば、同じアカウントを使っているパソコンやタブレットともリアルタイムで同期する。パソコンで連絡先を編集するには、Web ブラウザで「Google コンタクト」(https://contacts.google.com/)にアクセスすればよい。なおドコモの端末であれば、ドコモクラウドを有効にした上で「ドコモ電話帳」(https://phonebook.smt.docomo.ne.jp/)にアクセスすれば、パソコンから docomo アカウントに保存した連絡先を編集できる。

1 Googleコンタクトに アクセスする

「Google コンタクト」にアクセスし、スマートフォンと同じGoogleアカウントでログイン。既存の連絡先にカーソルを合わせて鉛筆ボタンをクリックする。

2 連絡先情報を入力して「保存」をクリック

連絡先の編集モードになる。複数のメールや電話番号は、各項目の右端にある「+」をクリックすれば追加できる。入力を終えたら「保存」をクリック。

3 新規連絡先を 作成するには

「連絡先の作成」ボタンをクリックすると、新規連絡先を作成できる。「もっと見る」をクリックすれば、ふりがななどの入力欄も表示される。

4 「ドコモ電話帳」で 連絡先を編集する

docomoアカウントに保存した連絡先は、ドコモクラウドを有効にしておけば、「ドコモ電話帳」(https://phonebook.smt.docomo.ne.jp/)で編集可能だ。

038

連絡先

重複した連絡先を 統合して整理する

連絡先をGoogleアカウントに同期しておけば、スマートフォンでもパソコンでも同じデータを利用できるが、複数の端末から連絡先を登録していると、同じ人のデータが重複してしまうことがある。そんな時は、連絡先データを統合しよう。Googleの「連絡帳」アプリで「修正候補」→「重複する連絡先の結合」をタップすれば、重複している連絡先の候補が表示され統合できる。統合する連絡先を自分で選択したい場合は、オプションメニューから「選択」をタップし、統合する連絡先を選択していけばよい。

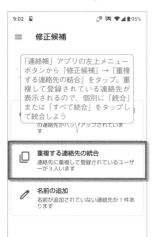

「連絡帳」アプリの左上メニューボタンから「修正候補」→「重複する連絡先の結合」をタップ。重複して登録されている連絡先が表示されるので、個別に「統合」または「すべて統合」をタップして統合しよう

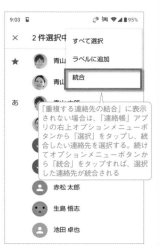

「重複する連絡先の結合」に表示されない場合は、「連絡帳」アプリの右上オプションメニューボタンから「選択」をタップし、統合したい連絡先を選択する。続けてオプションメニューボタンから「統合」をタップすれば、選択した連絡先が統合される

039

連絡先

誤って削除した 連絡先を復元する

「Google コンタクト」の連絡先はクラウドに保存されているため、たとえばスマートフォンで連絡先を削除すると、パソコンでも同期され確認できなくなってしまう。しかし誤って連絡先を削除した場合でも、30 日以内であれば、簡単な操作で復元可能だ。Web ブラウザで Google コンタクト(https://contacts.google.com/)にアクセスし、上部の歯車ボタンから「変更を元に戻す」をタップ。どの時点に復元するか選択して「元に戻す」をタップすれば、その時点の連絡先データに戻すことができる。

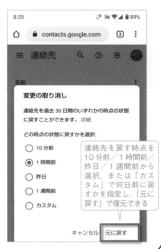

「Google コンタクト」(https://contacts.google.com/)にアクセスし、Google アカウントでログインする。続けて上部の歯車ボタンから「変更を元に戻す」をタップ

連絡先を戻す時点を10 分前／1 時間前／昨日／1 週間前から選択、または「カスタム」で何日前に戻すかを指定し、「元に戻す」で復元できる

マスト! 040 メッセージ ＋メッセージアプリを 使ってみよう

大手キャリア3社が 共同で提供する SNSの拡張サービス

電話番号宛てにメッセージを送受信したいなら、標準搭載の「＋メッセージ」アプリを使おう。従来のSMSを拡張したもので、SMSアプリの履歴も自動的に移行される。＋メッセージなら全角2,730文字までのテキストを送受信でき、LINEのようにスタンプや最大100MBの写真／動画／音声、地図情報などにも対応、グループメッセージも利用できる。ただし、これらの機能を利用するには、相手も「＋メッセージ」アプリが必要だ。「＋メッセージ」を使っていない相手には、SMS／MMSでの送信となる。

1 新しいメッセージを 作成する

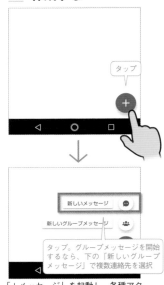

「＋メッセージ」を起動し、各種アクセス権限などの設定を済ませたら、右下の「＋」→「新しいメッセージ」をタップしよう。

2 連絡先一覧から 送信相手を選択する

連絡先一覧から送信相手を選択。＋メッセージのアイコンがある電話番号には、＋メッセージで送信できる。その他の電話番号にはSMSで送信。

3 メッセージやスタン プをやり取りする

「メッセージを入力」欄にメッセージを入力し、送信ボタンで送信。相手が＋メッセージなら、画像やスタンプの送受信も可能だ。

---

041 よくメッセージする 相手を一番上に固定
メッセージ

＋メッセージでやり取りしている特定の相手やグループを、見やすいように常に一番上に表示しておきたい場合は、ピン機能を利用しよう。まずメッセージ一覧画面で、固定したいメッセージをロングタップして選択状態にし、右上のオプションメニューボタン（3つのドット）をタップ。メニューから「ピンで固定する」をタップすれば、このメッセージが最上部に固定表示されるようになる。固定したメッセージをロングタップし、オプションメニューボタンで「ピンを解除する」をタップすれば、固定を解除できる。

固定したいメッセージをロングタップして選択し、オプションメニューから「ピンで固定する」をタップすれば、このメッセージが最上部に固定表示される。複数固定した場合は、更新のある最新メッセージが最上部に表示される

固定を解除したい場合は、固定したメッセージをロングタップして選択し、オプションメニューから「ピンを解除する」をタップ

---

042 相手ごとにメッセージの 通知を設定する
メッセージ

＋メッセージでは、特定の相手やグループからの通知を、一時的に停止することもできる。まずメッセージ一覧画面で、停止したいメッセージをロングタップして選択状態にし、右上のオプションメニューボタン（3つのドット）をタップ。メニューから「通知設定」をタップしよう。「1時間通知をOFF」「08:00まで通知をOFF」「受信通知をOFF」から選択できる。通知をオンに戻したい場合は、オフにしたメッセージをロングタップして選択し、オプションメニューから「受信通知をON」をタップすればよい。

通知をオフにしたいメッセージをロングタップして選択し、オプションメニューから「通知設定」をタップしよう

通知を一定時間だけ停止するなら「1時間通知をOFF」か「08:00まで通知をOFF」にチェック。この相手からの通知をオフにするなら「受信通知をOFF」にチェックすればよい

043 PC連携 電話やメッセージをパソコンからも利用できるようにする

Windows 10とスマートフォンを連携させる

Windows 10が動作するパソコンから、Androidスマートフォン上のデータにワイヤレスでアクセスできるアプリが「スマホ同期管理アプリ」だ。Windows側で「スマホ同期」アプリ（Windows 10 October 2018 Update以降で標準インストール）を起動し、「スマホ同期管理アプリ」と連携すれば利用できる。スマートフォンで最近撮影した写真やスクリーンショットをパソコン上で表示したり、スマートフォンに届いた通知をパソコンのデスクトップで確認できるほか、パソコンから電話をかけて通話したり、パソコンからSMSを送信するといった操作も可能だ。

ただし、利用にはいくつか注意点がある。まず、多くのスマートフォンで標準SMSアプリになっている「＋メッセージ」では、「スマホ同期」アプリでメッセージの送信はできても受信ができない。別途Googleの「メッセージ」アプリをインストールし、デフォルトのSMSアプリに設定しておこう。また写真をパソコンで表示する場合、機種によってはカメラロールのフォルダを認識せず、スクリーンショットのみ表示される場合がある。さらに、パソコンで電話を発着信する際はBluetoothを経由するが、ヘッドセットもBluetooth接続だと通話時に接続が切れてしまうようだ。

スマホ同期管理アプリ
作者／Microsoft Corporation
価格／無料

>>> 「スマホ同期」のセットアップと使い方

1 パソコン側でスマホ同期を起動

Windows 10側で「スマホ同期」アプリを起動し、「Android」を選択。「はい、スマホ同期管理アプリ〜」にチェックして「QRコードを開く」をクリック。

2 スマートフォン側でQRコードを読み取る

「スマホ同期管理アプリ」で「PCにQRコードが示されていますか？」をタップし、パソコン側に表示されたQRコードを読み取ろう。またはMicrosoftアカウントでサインインしてもよい。

3 アクセス許可を済ませて完了

パソコン側とスマートフォン側のそれぞれで、アクセス許可などの設定を済ませれば、パソコンの「スマホ同期」アプリで、スマートフォンのデータにアクセスできるようになる。

4 パソコンからメッセージを送受信

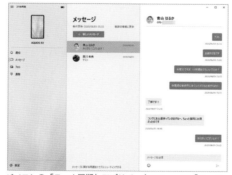

パソコンの「スマホ同期」アプリで、左メニューの「メッセージ」画面を開くと、パソコンからメッセージを送受信できる。ただし「＋メッセージ」を使っているとメッセージの受信ができないので、Googleの「メッセージ」アプリを入手しよう。インストールしたメッセージアプリを起動し、「デフォルトのチャットアプリに設定」をタップ。表示されるメニューで「メッセージ」にチェックして「デフォルトに設定」をタップすると、メッセージアプリがデフォルトのSMSアプリになり、パソコンでもメッセージを受信できるようになる。新規メッセージを作成するには、「＋新しいメッセージ」をクリックすればよい。

5 パソコンから電話を発着信する

パソコンの「スマホ同期」アプリで、左メニューの「通話」画面を開くと、パソコンから電話を発着信でき、通話履歴なども表示される。最初にパソコンとスマートフォンでBluetoothのペアリングを設定し、アクセス許可などを済ませておこう。ただし原稿執筆時点では、Bluetooth接続のヘッドセットを使うと、通話時にBluetoothが切断されてしまうので有線接続のものを利用しよう。

マスト!

044 Gmail

Googleの高機能無料メール Gmailを利用しよう

Google アカウントで利用できる便利なメールサービス

Android スマートフォンでは、Play ストアでのアプリ購入時などに「Google アカウント」の登録が必須となる。Google アカウントを取得すると、自動的に「Gmail」のメールアドレスが割り当てられる。

この Gmail は、無料ながら 15GB もの大容量を利用でき、ほとんどの迷惑メールを自動でシャットアウトしてくれるなど、非常に使いやすいメールサービスだ。他にも、強力なメール検索や、「ラベル」「フィルタ」を使ったメールの自動分類、添付ファイルの Google ドライブ保存など、さまざまな便利機能を備えている。特に便利なのが、同じ Google アカウントでログインするだけで、他のスマートフォンや iPhone、パソコンなど、さまざまなデバイスでも、同じメールを利用できるようになる点。機種変更時などのメール移行が簡単になるので、これまで携帯のキャリアメールをメインに使っていた人も、この機会に Gmail に乗り換えることをオススメする。

Gmail の公式アプリは、「Google」フォルダ内に最初から用意されている。POP3 ／ IMAP アカウントも追加できるので、自宅や会社のメールアカウントを追加して、Gmail アプリ内でアカウントを切り替えて送受信することも可能だ。なお、自宅や会社のメールでもラベル機能やフィルタ機能を使いたい場合は、No045 の手順に従って設定を済ませよう。

>>> 新規メールを作成して送信する

1 新規作成ボタンをタップする

スマートフォンに Google アカウントを追加済みなら、Gmail アプリを起動した時点でメールが同期される。メールを作成するには、画面右下のボタンをタップ。

2 メールの宛先を入力する

Gmail に連絡先へのアクセスを許可しておけば、「To」欄にメールアドレスや名前の入力を始めた時点で、連絡先内の宛先候補がポップアップ表示されるので、これをタップ。

3 件名や本文を入力して送信

件名や本文を入力し、上部の送信ボタンをタップすればメールを送信できる。作成途中で受信トレイなどに戻った場合は、自動的に「下書き」ラベルに保存される。

>>> 受信したメールを読む／返信する

1 読みたいメールをタップ

受信トレイでは未読メールの送信元や件名が黒い太字で表示。日付も青で表示される。既読メールは文字がグレーになる。読みたいメールをタップしよう。

2 メール本文の表示画面

メールの本文が表示される。返信／全員に返信／転送は、メール最下部のボタンか、または送信者欄の右のボタンとオプションメニューで行える。

POINT

Gmailアプリに自宅や会社のアカウントを追加する

メニューから「設定」→「アカウントを追加する」で「その他」をタップすると、自宅や会社のアカウントを追加してGmailアプリで送受信できる。メニューの上部にあるメールアドレス欄をタップすると、追加した他のアカウントが表示されるので、タップして切り替えよう。

マスト！ 045 [Gmail]

Gmailアカウントに会社やプロバイダメールを登録する

会社や自宅のメールは「Gmailアカウント」に設定して管理しよう

No044の「Gmail」公式アプリには、会社や自宅のメールアカウントを追加して送受信することもできる。ただし、単にGmailのアプリに他のアカウントを追加するだけの方法では、スマートフォンで送受信した自宅や会社のメールは他のデバイスと同期されず、Gmailのサービスが備えるさまざまな機能も利用できない。

そこで、自宅や会社のメールを「Gmailアプリ」に設定するのではなく、「Gmailアカウント」に設定してみよう。アカウントに設定するので、同じGoogleアカウントを使ったタブレットやiPhone、パソコンで、まったく同じ状態の受信トレイ、送信トレイを同期して利用できる。また、ラベルとフィルタを組み合わせたメール自動振り分け、ほとんどの迷惑メールを防止できる迷惑メールフィルタ、メールの内容をある程度判断して受信トレイに振り分けるカテゴリタブ機能など、Gmailが備える強力なメール振り分け機能も、会社や自宅のメールに適用することが可能だ。Gmailのメリットを最大限活用できるので、Gmailアプリを使って会社や自宅のメールを管理するなら、こちらの方法をおすすめする。

ただし、設定するにはWeb版Gmailでの操作が必要だ。パソコンのブラウザ、またはスマートフォンのブラウザをPC版サイト閲覧に変更した上で、https://mail.google.com/ にアクセスしよう。

>>> 自宅や会社のメールをGmailアカウントで管理する

1 Gmailにアクセスして設定を開く

メール アカウントを追加する

ブラウザでWeb版のGmailにアクセスしたら、歯車ボタンのメニューから「設定」を開き、「アカウントとインポート」タブの「メールアカウントを追加する」をクリック。

2 Gmailで受信したいメールアドレスを入力

別ウィンドウでメールアカウントを追加するウィザードが開く。Gmailで受信したいメールアドレスを入力し、「次のステップ」をクリック。

3 「他のアカウントから~」にチェックして「次へ」

他のアカウントからメールを読み込む（POP3）

追加するアドレスがYahoo、AOL、Outlook、Hotmailなどであれば、Gmailify機能で簡単にリンクできるが、その他のアドレスは「他のアカウントから~」にチェックして「次へ」。

4 受信用のPOP3サーバーを設定する

受信したメッセージにラベルを付ける：aoyama@standards.co.jp ▼

POP3サーバー名やユーザー名／パスワードを入力して「アカウントを追加」。「~ラベルを付ける」にチェックしておくと、後でアカウントごとのメール整理が簡単だ。

5 送信元アドレスとして追加するか選択

はい。aoyama@standards.co.jp としてメールを送信できるようにします。

このアカウントを送信元にも使いたい場合は、「はい」にチェックしたまま「次のステップ」を選択。この設定は後からでも「設定」→「アカウント」→「メールアドレスを追加」で変更できる。

6 送信元アドレスの表示名などを入力

「はい」を選択した場合、送信元アドレスとして使った場合の差出人名を入力して「次のステップ」をクリック。

7 送信用のSMTPサーバーを設定する

追加した送信元アドレスでメールを送信する際に使う、SMTPサーバの設定を入力して「アカウントを追加」をクリックすると、アカウントを認証するための確認メールが送信される。

8 認証リンクをクリックすれば設定完了

ここまでの設定が問題なければ、確認メールがGmail宛てに届く。「下記のリンクをクリックして~」をクリックすれば認証が済み設定完了。

9 Gmailで会社や自宅のメールを管理

プロバイダメールをGmailでまとめて受信できるようになった。手順4で「ラベルを付ける」にチェックしていれば、追加したアカウントのラベルで、プロバイダメールのみを確認できる。

046 `Gmail` ラベルやフィルタ機能で Gmailを柔軟に管理する

メールをラベルで分類してフィルタで自動振り分け

Gmailのメールを整理するのに、特に便利なのが「ラベル」と「フィルタ」機能だ。ラベルはカテゴリ別にメールを分類するもので、あらかじめ「仕事」「プライベート」といったラベルを作成しメールに付けておけば、メールを効率的に管理できる。さらに、フィルタ機能でルールを設定すれば、特定の差出人からのメールに「仕事」ラベルを付けたり、特定のワードを含む件名のメールを既読にするなど、自動振り分けが可能になる。なお、ラベルの作成やフィルタの設定は、Web版のGmailで行う必要がある。

1 あらかじめラベルを作成しておく

ブラウザでWeb版Gmailにアクセスし、「設定」→「ラベル」タブで「新しいラベルを作成」をクリック。あらかじめ「仕事」「プライベート」といったラベルを作成しておく。

2 振り分けたいメールを開く

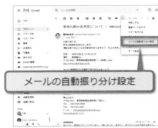

ラベルを作成したら、続けて自動的にラベルを付けたい相手のメールを開こう。「…」→「メールの自動振り分け設定」をクリック。

3 フィルタ条件を設定する

振り分け条件の設定画面が開く。メールの送信元アドレスや、件名などを条件に指定して、「フィルタを作成」をクリック。

4 フィルタの処理内容を設定する

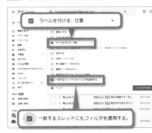

「ラベルを付ける」にチェックしてラベルを選択、「フィルタを作成」をクリックすれば自動的にラベルが付くようになる。「一致する〜」にチェックで過去のメールにも適用される。

---

047 メール送信前や削除前に最後の確認を行う
`Gmail`

Gmailアプリは標準の設定だと、メールの送信ボタンを押した時点ですぐにメールを送信するが、これだとファイルの添付忘れなどミスが起きやすい。「設定」→「全般設定」で、「送信前に確認する」にチェックしておけば、送信ボタンをタップした際に確認メッセージが表示され、誤送信を未然に防げる。また「削除前に確認する」「アーカイブする前に確認する」にもチェックを入れておけば、メールを削除したりアーカイブする前に、同じく確認メッセージが表示されるようになる。

> Gmailアプリの「設定」→「全般設定」をタップし、「削除前に確認する」や「送信前に確認する」にチェックを入れておこう

> 送信ボタンをタップした際に、確認メッセージが表示されるようになる。メールの削除やアーカイブ時も同様に確認メッセージが表示される

---

048 Gmailを自動バックアップツールにする
`Gmail`

Gmailは「○○@gmail.com」というアドレスを使わなくても、別の便利な使い道がある。No045の手順通りに、プロバイダや会社のメールアカウントをGmailアカウント追加しておけば、それらの受信メールは勝手にGmailにも溜まっていくので、メールの自動バックアップツールとして非常に優秀なのだ。Gmailは無料で最大15GBまで使えるので、溜まっていく一方のメールを削除する必要もほとんどなく、Gmailアプリを使うか、ブラウザでGmailにアクセスして検索すれば、古いメールもすぐに探し出せる。

> No045で解説している通り、ブラウザでWeb版Gmailにアクセスし、「設定」→「アカウントとインポート」→「メールアカウントを追加する」で自宅や会社のメールアカウントを追加しよう

> 自宅や会社の送受信メールが、すべてGmailに保存されるようになる。自宅や会社のメールアカウントごとにラベルを付けておけば、すぐに自宅や会社のメールだけ一覧表示できて便利だ

マスト！ 049　Gmail

Gmailを詳細に検索できる演算子を利用する

複数の演算子でメールを効果的に絞り込む

Gmail のメールは、アプリ上部の虫眼鏡ボタンでキーワード検索ができ、ラベルやフィルタでも細かく整理しておけるが、メールの数が増えてくると、なかなかピンポイントで目的のメールだけを探し出すのは難しい。そこで、「演算子」と呼ばれる特殊なキーワードを覚えておこう。ただ名前やアドレス、単語で検索するだけではなく、演算子を加えることで、より精密な検索が行える。複数の演算子を組み合わせて絞り込むことも可能だ。ここでは、よく使われる主な演算子をピックアップして紹介する。

Gmailで利用できる主な演算子

from: …… 送信者を指定

to: …… 受信者を指定

subject: …… 件名に含まれる単語を指定

OR …… A OR Bのいずれか一方に一致するメールを検索

-(ハイフン) …… 除外するキーワードの指定

"　"(引用符) …… 引用符内のフレーズを含むメールを検索

after: …… 指定日以降に送受信したメール

before: …… 指定日以前に送受信したメール

label: …… 特定ラベルのメールを検索

filename: …… 添付ファイルの名前や種類を検索

has:attachment …… 添付ファイル付きのメールを検索

演算子を使用した検索の例

from:aoyama

送信者のメールアドレスまたは送信者名に「aoyama」が含まれるメールを検索。大文字と小文字は区別されない。

after:2018/06/20

2018年6月20日以降に送受信したメールを指定。「before:」と組み合わせれば、指定した日付間のメールを検索できる。

from:青山 OR from:西川

送信者が「青山」または「西川」のメッセージを検索。「OR」は大文字で入力する必要があるので要注意。

from:青山 "会議"

送信者名が「青山」で、件名や本文に「会議」を含むメールを検索。英語の場合、大文字と小文字は区別されない。

from:青山 subject:会議

送信者名が「青山」で、件名に「会議」が含まれるメールを検索。送信者名は漢字やひらがなでも指定できる。

filename:pdf

PDFファイルが添付されたメールを検索。本文中にPDFファイルへのリンクが記載されているメールも対象となる。

マスト！ 050　Gmail

Gmailですべてのメールをまとめて既読にする

まとめて既読にするにはWeb版Gmailでの操作が必要

溜まった未読メールをまとめて既読にしたい場合、Gmailアプリでは一括処理ができないので、Web版 Gmail で操作しよう。まず、受信トレイなど既読処理したいメールボックスやラベルを開いて、左上の一括選択ボタンにチェック。すると「○○のスレッド○○件をすべて選択」というメッセージが表示されるので、これをクリックすれば、表示中の画面だけでなく、過去のメールもすべて選択状態になる。あとはオプションメニューの「既読にする」で、まとめて既読にできる。

1 一括選択ボタンにチェックを入れる

ブラウザでWeb版Gmailにアクセスしたら、一括既読にしたい受信トレイやラベルを開こう。続けて、左上にあるチェックボックスにチェックを入れると、表示中のスレッドにすべてチェックが入り選択状態になる。

2 表示中以外のメールも選択状態にする

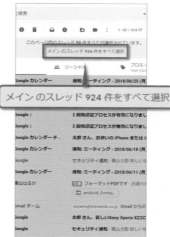

メインのスレッド 924 件をすべて選択

この状態では、表示中のページのスレッドしか選択されていないので、タブの上部に表示されている「○○のスレッド○○件をすべて選択」をクリックしよう。これで、すべてのメールが選択された状態になる。

3 「既読にする」でまとめて既読にする

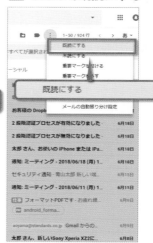

あとは、上部メニューのオプションメニューから「既読にする」をクリック。表示される確認画面で「OK」をクリックすれば、すべてのメールが既読になる。同じ操作で未読に戻したり、スターなどを付け外しすることも可能だ。

051 [Gmail] 日時を指定して メールを送信する

Gmailなら メールの予約 送信が可能

期日が近づいたイベントのリマインドメールを送ったり、深夜に作成したメールを翌朝になってから送りたい時に便利なのが、Gmail の予約送信機能だ。メールを作成したら、送信ボタン横のオプションボタン（3つのドット）をタップ。「送信日時を設定」をタップすると、「明日の朝」「明日の午後」「月曜日の朝」など送信日時の候補から選択できる。また、「日付と時間を選択」で送信日時を指定することも可能だ。これで、あらかじめ下書きしておいたメールが、指定した日時に予約送信される。

1 送信日時を設定 をタップする

Gmailアプリで新規メールを作成したら、右上のオプションボタン（3つのドット）をタップ。続けて「送信日時を設定」をタップしよう。

2 予約送信する 日時を選択する

メール作成時の時間帯に応じて、「明日の朝」「今日の午後」「月曜日の朝」などの日時が表示されるので、予約送信したい時間をタップしよう。

3 予約送信の日時を 自分で設定する

「日付と時間を選択」をタップすると、メールを予約送信する日時を自由に設定できる。設定を終えたら「送信日時を設定」をタップしよう。

---

052 [LINE] LINEで特定の相手の 通知をオフにする

LINEの通知が止まるのは困るけど、大人数が参加しているグループなどでトークが盛り上がり、新着トークの通知が止まらなくてうるさい、という場合は、そのグループの通知だけを一時的にオフにすることが可能だ。グループのトーク画面を開いたら、上部右上の三本線ボタンをタップしてメニューを開き、「通知オフ」のボタンをタップすればよい。もう一度タップすれば通知オンに戻る。なお、LINEのアイコンに新着の件数を表示するバッジは、個別にオフにすることができない。

通知をオフにしたい特定の相手やグループのトーク画面を開いたら、右上の三本線ボタンをタップして「通知オフ」ボタンをタップ

トーク相手・グループの名前の横に消音マークが付き、通知がオフになる。再度通知させたい場合は「通知オン」をタップすればよい

---

053 [LINE] LINEで特定の相手との トーク画面を素早く表示

LINEで毎日やり取りする特定の相手やグループがある場合、いちいちLINEを起動してトーク画面までたどるのはちょっと面倒だ。そこで、トーク画面右上の三本線ボタンから「その他」→「トークショートカットを作成」をタップして、ワンタップでトーク画面を開くことができるアイコンをホーム画面に配置しておこう。無料通話もよく利用するなら、「音声通話のショートカットを作成」でショートカットを作成しておくのも便利。アイコンをタップして発信ボタンをタップすると、すぐに無料通話をかけられる。

頻繁にやり取りする相手とのトーク画面を開いたら、右上の三本線ボタンをタップし、続けて「その他」→「トークショートカットを作成」→「自動的に追加」をタップする

ホーム画面にショートカットが作成された。アイコンをタップするだけで、すぐにこの相手とのトーク画面が開く

マスト! 054 LINE LINEで既読を付けずにメッセージを読む

相手に気づかれずにメッセージを読む裏技アプリ

LINEのトーク機能に搭載されている既読通知は、相手がメッセージを読んだかどうか確認できて便利な反面、受け取った側は「読んだからにはすぐに返信しなければ」というプレッシャーに襲われがちだ。このアプリを使えば、既読を付けずにメッセージを確認でき、余計なストレスから解放されるはずだ。

APP
ちらみ
作者／awalker
価格／無料

1 指示に従って初期設定を済ませる

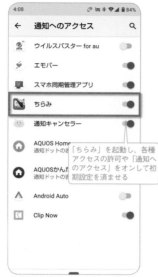

「ちらみ」を起動し、各種アクセスの許可や「通知へのアクセス」をオンして初期設定を済ませる

アプリを起動したら、画面の指示に従って、各種アクセスの許可や「通知へのアクセス」をオンにして、初期設定を済ませよう。

2 メッセージが届いたら通知パネルを確認

「ちらみ」のアイコンが付いている方の通知をタップする

メッセージが届き、通知されたら、通知パネルを引き出して「ちらみ」の通知をタップ。ここでLINEの通知をタップすると、既読が付いてしまうので要注意。

3 既読を付けずにメッセージを読む

テキストだけでなく、写真やスタンプも、既読を付けずに確認することができる

ちらみが起動し、既読通知を回避してメッセージを読むことができる。なお、写真やスタンプも、ちらみ上で確認することが可能だ。

---

055 LINE LINEでブロックされているかどうかを確認する

LINEで友だちにブロックされているかどうか判別する方法を紹介しよう。まずスタンプショップで有料スタンプを選び、「プレゼントする」をタップ。ブロックを確認したいユーザーを選び「選択」をタップする。「すでにこのスタンプを持っているためプレゼ ントできません。」が表示された場合は、ブロックされている可能性が高い。もちろん、相手が実際にそのスタンプを持っていることもあるので、相手が持っていなさそうな複数のスタンプを使ってチェックしてみよう。

スタンプショップで、相手が持っていなさそうなスタンプを選択。「プレゼントする」をタップする

ブロックを確認したいユーザーにチェックを入れ、画面下部の「選択」をタップ。「すでにこのスタンプを持っているためプレゼントできません。」と表示されたらブロックされている可能性がある

---

056 LINE IDを使わず離れている相手を友だちに追加

LINEで見知らぬ相手から勝手に友だち追加されるのを防ぐには、LINEの「設定」→「友だち」で「友だち自動追加」と「友だちへの追加を許可」をオフにして、IDも登録しないのがおすすめだ。この設定で、離れた相手を友だちに追加したい場合は、「QRコー ド」を使えばよい。「友だち追加」から自分のQRコードを表示し、その画像を共有ボタンから相手に送ろう。相手がLINEでQRコードを読み取れば、相手が自分を友だちに追加でき、自分の方でも「知り合いかも？」から相手を友だち追加できる。

「ホーム」画面上部の友だち追加ボタンをタップし、「QRコード」をタップすると、QRコードリーダーが表示される。「マイQRコード」をタップ

自分のQRコードが表示される。下部の共有ボタンで「他のアプリ」をタップし、メールやメッセージでQRコードを相手に送ろう。相手がLINEのQRコードリーダーで読み取れば、友だちとして追加される

057
LINE

LINEの通知を一時的に停止する

ホーム画面やアプリ一覧画面のLINEアイコンをロングタップし、メニューから「通知の一時停止」をタップすると、LINEの通知を1時間、または午前8時まで停止できる。集中して勉強したい場合や就寝前など、LINEの通知が邪魔なときに利用しよう。指定時間が経過すると、通知は自動的にオンに戻る。今すぐ通知をオンに戻したい場合は、「通知を再開」をタップすればよい。なお、LINEアプリの「友だち」画面右上の歯車ボタンをタップし、「通知」→「一時停止」をタップして設定することもできる。

ホーム画面のLINEアイコンをロングタップし、「通知の一時停止」をタップ。または、LINEの設定から「通知」→「一時停止」をタップする

LINEの通知を一時的に停止する期間を設定できる。「1時間停止」または「午前8時まで停止」をタップしてチェックしよう

058
LINE

マスト!

LINEの送信済みメッセージを取り消す

LINEで誤って送信してしまったメッセージは、送信から24時間以内であれば、相手のトーク画面から消すことが可能だ。1対1のトークはもちろん、グループトークでもメッセージを取り消しできる。テキストだけではなく写真やスタンプ、動画なども対象だ。また、未読、既読、どちらの状態でも行える。ただし、相手に届いた通知内容までは取り消せないほか、相手のトーク画面には、「メッセージの送信を取り消しました」と表示され、取り消し操作を行ったことは伝わってしまうので注意しよう。

取り消したいメッセージをロングタップし、表示されたメニューから「送信取消」をタップ

削除
送信取消
リプライ
転送
ノートに保存
アナウンス

相手のトーク画面には「○○がメッセージの送信を取り消しました」と表示される。この表示を回避することはできない。また、相手端末の設定によっては、通知画面で内容を確認できることもある

西川がメッセージの送信を取り消しました

059
LINE

未読スルーを防ぐトーク送信テクニック

LINEで送ったメッセージに既読も付けず未読スルーする相手には、少し送り方を変えてみよう。未読スルーする相手は、通知画面のプレビューなどで内容をある程度把握しつつ、既読にすると返事をしなければならないから、しばらく未読で放置するパターンが多い。そこで、メッセージを送信したのち、すぐスタンプを送信してみよう。通知画面やトーク一覧画面では「スタンプを送信しました」としか表示されず、その前に送った本文の内容を確認できないので、相手はメッセージを開いて読むしかなくなる。

LINEでメッセージを普通に送信すると、相手は通知画面などでメッセージ内容をある程度把握できるので、そのまま未読スルーされやすい

そこで、メッセージに続いてスタンプを送信してみよう。通知画面などでは最後にスタンプが送られたことしか確認できないので、相手にメッセージの中身が気になるよう仕向けることができる

060
LINE

LINEで友だちの名前を変更する

LINEの友だちは、本人が設定した名前で表示されるので、呼び慣れていない名前で表示されると、どれが誰だか分からなくなってしまう。そんな時は、友だちの名前をタップしてプロフィール画面を開き、名前の横の鉛筆ボタンをタップしよう。表示名を自分で好きな名前に変更できる。あくまで自分のLINE上で表記が変わるだけなので、変更した名前が相手に伝わることはない。元の表示名に戻したい場合は、再度プロフィール画面の鉛筆ボタンをタップして、名前を空欄にしてから保存すればよい。

友だちの名前をタップしてプロフィール画面を開き、名前の横にある鉛筆ボタンをタップする

西川

表示名の変更画面になるので、好きな名前に変更して「保存」をタップ。元の名前に戻すには、表示名を空欄のままにして「保存」をタップすればよい

表示名の変更
マレさん
保存

061 LINE の無料通話の着信音を無音にする
LINE

LINE の通知設定画面で「通知」をオフにすれば、メッセージの着信音を無音にできるが、LINE 無料通話の着信音は普通に鳴る。これを無音にしたい場合は、「LINE 着うた」で無音の着信音を設定しよう。LINE 着うたは月に 1 回までなら無料で変更できる。

まず LINE で設定を開いて「通話」→「着信音」→「LINE MUSIC で着信音を作成」をタップ。LINE MUSIC が起動（アプリのインストールが必要）するので、「無音」などをキーワードに無音の着信音を検索し、設定すればよい。

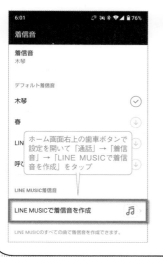

ホーム画面右上の歯車ボタンで設定を開いて「通話」→「着信音」→「LINE MUSIC で着信音を作成」をタップ

LINE MUSIC アプリが起動するので、キーワードで無音の着信音を検索して選択、「確認」をタップ。曲を保存すれば無音の着信音として設定できる

062 よく LINE をする相手を一番上に固定
LINE

LINE でやり取りしている特定の相手やグループを、見やすいように常に一番上に表示しておきたい場合は、ピン機能を利用しよう。まずトーク一覧画面を開いたら、固定したいトークをロングタップしてメニューを開き、「ピン留め」をタップ。すると、このトー

クが最上部に固定表示されるようになる。なお、右上のオプションメニューボタン（3 つのドット）のメニューで「トークを並べ替える」をタップすると、トークを「受信時間」「未読メッセージ」「お気に入り」順に並べ替えることもできる。

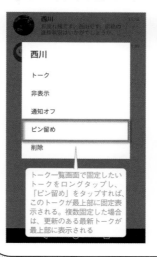

トーク一覧画面で固定したいトークをロングタップし、「ピン留め」をタップすれば、このトークが最上部に固定表示される。複数固定した場合は、更新のある最新トークが最上部に表示される

右上のオプションメニューから「トークを並べ替える」で、並び順の変更も可能。よくやり取りする相手は、プロフィール画面で☆ボタンをタップしてお気に入りに登録しておけば、「お気に入り」順に並べ替えてアクセスしやすくなる

063 やるべきことを指定日時に LINE で知らせてもらう
LINE

「リマインくん」は、LINE のトーク画面でやり取りしながら予定を登録し、指定日時に通知してくれるリマインダー bot だ。まず、ブラウザで公式サイト（http://remine.akira108.com/）へアクセスし、「今すぐ友だちに追加」をタップ。「アプリで開く」で

LINE を選択し「追加」をタップしよう。あとは、リマインくんとのトーク画面を開き、メッセージ入力欄に予定を入力して送信、続けて通知してほしい日時を入力すれば、その時間に予定を知らせてくれる。「確認」と送信すれば予定の確認も可能だ。

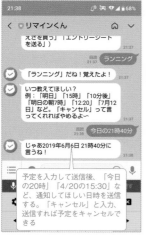

予定を入力して送信後、「今日の 20 時」「4/20 の 15:30」など、通知してほしい日時を送信する。「キャンセル」と入力、送信すれば予定をキャンセルできる

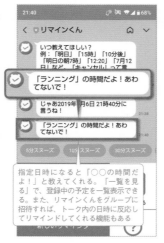

指定日時になると「○○の時間だよ！」と教えてくれる。「一覧を見る」で、登録中の予定を一覧表示できる。また、リマインくんをグループに招待すれば、トーク内の日時に反応してリマインドしてくれる機能もある

【マスト！】

064 グループトークで相手を指定してメッセージ送信
LINE

大人数のグループトークで会話していると、特定の人に宛てたメッセージも他のトークに紛れて流されがちだ。そんなときに便利なのがメンション機能。グループトークのメッセージ入力欄に「@」をすると、グループトークのメンバーが一覧表示されるので、

指名したい人を選択。入力欄に「@（相手の名前）」が入力されるので、続けてメッセージを入力し送信しよう。トークルームやプッシュ通知で、指名された人の名前が見やすく表示され、誰宛てのメッセージかひと目で分かるようになる。

グループトークのメッセージ入力欄に「@」を入力し、メンバー一覧から指名したい相手を選択。に「@（相手の名前）」に続けてメッセージを入力し送信しよう

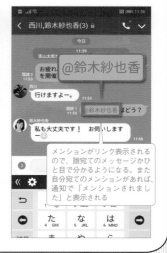

メンションがリンク表示されるので、誰宛てのメッセージかひと目で分かるようになる。また自分宛てのメンションがあれば、通知で「メンションされました」と表示される

065 [LINE] パソコンやiPadでスマートフォンと同じLINEアカウントを利用

パソコンやiPadで QRコードを表示し 読み取るだけ

通常、LINEは一つのアカウントにつき一つの端末でしか使えないが、パソコン版とiPad版のLINEでは、スマートフォンと同じLINEアカウントでログインして、同時に利用することができる。スマートフォンのLINEが使えなくなった場合に、非常用としてパソコンやiPadでも確認できるので、ぜひ活用しよう。ログイン方法は簡単で、パソコンやiPad側のLINEでQRコードを表示させ、スマートフォン側のLINEでそのQRコードを読み取るだけ。なお、Androidタブレットの場合は同じアカウントでLINEを使えないので注意しよう。

1 パソコンのLINEで QRコードを表示

LINE公式サイト（https://line.me/）からWindowsまたはMac版のLINEをダウンロードし、インストールを済ませよう。起動してログイン画面のタブを「QRコードログイン」に切り替えると、ログイン用のQRコードが表示される。

2 iPadのLINEで QRコードを表示

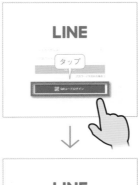

iPadにLINEアプリをインストールして起動。ログイン画面の「QRコードログイン」をタップすれば、QRコードが表示される。

3 QRコードを読み 取ってログイン

スマートフォン側では、「ホーム」画面上部の友だち追加ボタンをタップし、「QRコード」をタップ。表示されるQRコードリーダーで、パソコン／iPad側のLINEに表示されたQRコードを読み取り、「ログイン」をタップすれば、パソコン／Pad版LINEでも同じアカウントでログイン状態になる

066 [LINE] 固定電話に無料発信できる サービスを利用する

広告動画を 15秒以上見れば 無料発信可能

広告動画を15秒以上見ることで、1日5回まで、固定電話宛なら1回3分、携帯電話宛なら1回1分まで、無料で通話できるIP電話サービスが「LINE Out Free」だ。LINEアプリで「ホーム」画面を開いて、「サービス」欄の「すべて見る」をタップ。サービス一覧から「LINE Out Free」を探してタップすれば利用できる。制限時間が来ると自動的に通話が切れるため、余計な通話料を請求されることはない。アメリカや中国など海外への発信も可能だ。なお、LINEで検索した飲食店や施設には、無料で電話をかけられる。

1 LINE Out Free で 電話をかける

LINEのホーム画面で「サービス」欄の「すべて見る」から「LINE Out Free」を探して起動。上部の人の形のボタンで連絡先を選択するか、またはキーパッドボタンで電話番号を直接入力しよう。

2 広告の視聴後に 自動で発信

発信ボタンをタップし、続けて「広告を見て無料通話」をタップ。広告を見終わったら「×」で画面を閉じれば、自動的に発信する。通話は3分または1分経過すると自動的に終了する。終了20秒前には警告音が鳴る。

3 お店の予約電話を 無料でかける

飲食店などに電話する際に、「無料通話／お店」と表示されていればLINE@加盟店。広告を表示する必要もなく、1回につき10分まで無料で電話をかけられる

3

ネットの
快適技

ネットやSNSはスマホで楽しむのがスタンダード。
だからこそストレスなく効率的に利用したいところ。
人気のアプリやサービスを駆使することで、
情報収集やコミュニケーションも一気に劇的快適に。

マスト! 067 ブラウザ パソコンやタブレットで見ていたサイトを素早く開く

他端末で使っているChromeブラウザと連携できる

多くの Android スマートフォンには、Google 製の Chrome が標準の Web ブラウザとして採用されている。Chrome は、パソコンやタブレット、iPhone、iPad などの他端末で使っている Chrome と簡単に連携できるのが特徴。同一の Google アカウントでログインすれば、ブックマークやパスワードなども自動で同期される。さらに、「最近使ったタブ」を利用すれば、他の端末で開いていた Web ページをスマートフォン側ですぐに呼び出すことが可能だ。右の手順で呼び出してみよう。

1 「最近使ったタブ」をタップする

Chromeを起動したら右上のオプションメニューボタン（3つのドット）をタップ。「最近使ったタブ」を選択しよう。

2 他端末で開いていたタブを開く

（同じGoogleアカウントでログインしている）他の端末のChromeで開いているタブも表示され、タップして同じサイトにすぐにアクセスできる。

3 Chromeの同期を有効にする

同期が無効になっている場合は、「最近使ったタブ」を開いた後、「他のデバイス」欄を開き、「○○として続行」をタップ。指示に従って同期をオンにする。

マスト! 068 ブラウザ 閲覧履歴が残らないシークレットタブを利用する

他人に閲覧履歴を見られたくない人は使ってみよう

Chrome で表示したサイトは閲覧履歴として残り、オプションメニューの「履歴」からチェックすることができる。また、Google 上で検索したキーワードも検索履歴として残り、再度同じキーワードを入力した際にすぐ候補として表示される仕組みだ。これ自体は便利な機能だが、問題なのは他人にスマホを貸した時。他の人に各種履歴を見られたくないという人もいるはずだ。そんな時はシークレットモードを活用しよう。シークレットタブ上で操作すれば、閲覧および検索履歴が残らないのだ。

1 新しいシークレットタブを開く

シークレットタブを利用したい場合は、Chromeを起動して右上のオプションメニューボタンをタップ。「新しいシークレットタブ」をタップする。

2 シークレットモードでページを開く

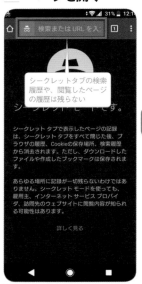

URL入力欄が黒色になり、シークレットモードになる。このタブ上で開いたページは閲覧履歴に残らない。また、検索履歴も保存されない。

3 今までの閲覧履歴を消したい時は

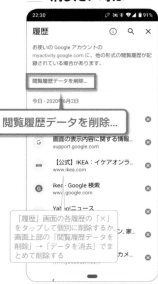

シークレットモードを使っていない時の閲覧履歴を消したい場合は、オプションメニューボタンから「履歴」を開き、個別またはまとめて削除しよう。

069 ブラウザ スマホ用サイトから PC向けサイトに表示を変更する

メニューや情報が省略されないPC版に切り替える

最近の Web サイトでは、スマートフォンでアクセスするとモバイル用に最適化されたページが表示されることが多い。しかし、パソコン向けのページと比べてメニューや機能、情報が省略されている場合もある。スマートフォンでも、使い慣れたパソコン用ページを表示したいなら、Chrome のオプションメニューにある「PC 版サイト」にチェックを入れてみよう。これでパソコン用ページに表示が切り替わるのだ。ただし、サイトによっては対応していないこともある。

1 「PC版サイトを見る」設定に変更

モバイル向けページではなく、パソコンで見るのと同じ表示にしたい場合は、Chromeのオプションメニューから「PC版のサイト」にチェックを入れる。

2 パソコン向けの表示に切り替わった

自動的にページが更新され、モバイル向けページからパソコン向けページに表示が切り替わるはずだ。ただし、サイトによっては対応していないものもある。

3 切り替えリンクを用意しているサイトもある

サイトによっては、パソコン向けページに表示を切り替えるリンクを用意しているものあるので探してみよう

---

070 ブラウザ サイト内の言葉を選択してGoogle検索する

Chromeで、Webページ上の文字列をロングタップして選択すると、下部にパネルがポップアップ表示される。これをタップするとパネルが引き出されて画面が分割し、パネル内で選択した文字列のGoogle検索結果がすぐに表示される。この「タップして検索」

機能を使うには、まずGoogleを規定の検索エンジンに設定しておく必要がある。また、Chromeのオプションメニューボタンで「設定」→「同期とGoogleサービス」→「タップして検索」をタップし、スイッチがオンになっているかを確認しよう。

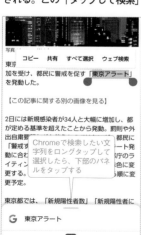

Chromeで検索したい文字列をロングタップして選択したら、下部のパネルをタップする

パネルが引き出され、選択した文字列でのキーワード検索結果がすぐに表示される

---

071 ブラウザ いつでも素早く表示できるホームページを設定

Chromeの検索ボックス左にある家の形のボタンをタップすると、登録したサイトをいつでもすぐに開くことができる。デフォルトでは、通信キャリアのサイトなどが登録されているので、自分が一番よくアクセスするサイトに変更しておこう。画面右上のオプション

メニューボタンをタップし、「設定」→「トップページ」をタップ、続けて「このページを開く」の入力欄によく使うサイトのURLを入力すれば設定完了だ。ホームページが不要なら、「設定」→「トップページ」のスイッチをオフにすればよい。

オプションメニューボタンで「設定」→「トップページ」をタップして、下の入力欄の方を選択して、好きなURLを入力

画面左上のボタンをタップすると、設定したサイトを素早く開くことができる。このボタンをロングタップした後「ホームページを編集」をタップして、設定画面を開くこともできる

072

ブラウザ

ログイン時のパスワードを
自動入力する

IDとパスワードを
保存して次回から
素早くログイン

Chromeでは、一度ログインしたWebサイトのIDとパスワードを保存しておくことができ、次回からはそのWebサイトのログインページを開くだけで自動入力され、素早くログインできるようになる。自動入力されない場合は、キーボード上部の鍵ボタンをタップし、保存したパスワードから選択しよう。なお、パスワードはGoogleアカウントに保存されるので、Chromeで同期をオンにしておけば、同じGoogleアカウントを使った別のデバイスでも同じパスワードを使うことが可能だ。

1 パスワードの
保存をオンに

Chromeのオプションメニューから「設定」→「パスワード」で、「パスワードの保存」と「自動ログイン」がオンになっているか確認しよう。

2 ログイン時にパス
ワードを保存する

ChromeでWebサイトにログインすると、パスワードをGoogleアカウントに保存するか確認するメッセージが表示されるので、「保存」をタップして保存しておく。

3 次回からパスワード
が自動入力される

次回からは、パスワードを保存したサイトのログインページを開くと、自動的にログインIDとパスワードが入力済みの状態になり、素早くログインできる。

073

ブラウザ

保存したログインパス
ワードを個別に削除する

No072で解説した通り、ChromeにはWebサイトで入力したログインIDとパスワードを保存し、再ログイン時に自動で入力してくれる機能がある。ただ、間違ったパスワードを保存してしまったり、もう使わないアカウントのログイン情報が自動入力されるなど、保存済みのパスワードを削除したい場合もあるだろう。そんな時は、Chromeのオプションメニューから「設定」→「パスワード」を開こう。削除したいパスワードをタップして、上部のゴミ箱ボタンをタップすれば個別に削除できる。

Chromeのオプションメニューから「設定」→「パスワード」を開くと、保存済みのパスワードが一覧表示される。削除したいものをタップ

上部のゴミ箱ボタンをタップすると、この保存済みパスワードを削除できる

074

ブラウザ

Webのページ内を
キーワード検索する

Chromeで表示中のページ内から、特定の文字列を探したい場合は、「ページ内検索」機能を利用する。まずはオプションメニューボタンから「ページ内検索」をタップして、表示された検索欄にキーワードを入力してみよう。すると、Webページ内の一致テキストが黄色でハイライト表示されるはずだ。画面上部の矢印キーをタップすれば、次の／前の一致テキストに移動もできる。また、一致したテキストがページ内のどの位置にあるかも右側にバーで表示してくれるので便利だ。

表示中のWebページをキーワード検索するには、オプションメニューボタンから「ページ内検索」をタップ

検索欄にキーワードを入力すれば、ページ内で一致するテキストがハイライト表示される。右側のバー表示で一致したテキストの位置も分かるようになっている

マスト！ 075 情報共有 気になった記事を保存して あとで読めるようにする

オフラインでも 読めるように情報を 保存しておこう

「Pocket」は、あとで読みたい Web ページや Twitter 内の記事を保存しておけるアプリだ。アプリを導入したら Pocket にログインし、ブラウザや Twitter アプリのメニューから「共有」→「+ Pocket」をタップ。これで記事が Pocket に保存される。保存した記事はオフライン環境で読むことが可能だ。パソコンのブラウザでも利用でき、保存した記事を同期できる。

Pocket
作者／Read It Later
価格／無料

1 ブラウザで「Add to Pocket」をタップ

まずは Pocket を起動してログイン。ブラウザや Twitter アプリで保存したいページやツイートを開き、共有機能から「+Pocket」を選択しよう。

2 記事保存時に表示 されるアイコン

Pocket の設定で「クイック保存アクション」をオンにしていると、記事保存時の画面に、Pocket を開く他、メール送信やタグを付加できるボタンが表示される。

3 Pocket に保存 された記事をタップ

記事が Pocket に保存されたら、Pocket を起動。先ほど保存した記事が一覧表示されているはずだ。保存した記事はオフラインでも読める。

マスト！ 076 ニュース 最新ニュースを漏れなく 効率的にチェックしよう

世の中の話題を 効率よく チェックしよう

日々のニュースをチェックするなら、やはり超定番の「Yahoo! ニュース」アプリがおすすめだ。政治、経済、スポーツから、カジュアルなネットニュースまで国内外のあらゆる最新ニュースが 24 時間アップされている。まずは「主要」タブで世の中の話題を把握し、カスタマイズできる「テーマ」や気になるカテゴリをチェックしよう。記事のキーワード検索や、通知機能も利用できる。

Yahoo!ニュース
作者／Yahoo Japan Corp.
価格／無料

1 カテゴリ別のタブで ニュースをチェックする

ニュースはジャンルごとに表示。上部のタブを切り替えて、気になる最新ニュースを確認しよう。画面を左右にスワイプしてもタブを切り替えられる。

2 柔軟に設定できる 通知機能

画面を下へスワイプして表示される歯車ボタンをタップして「設定」を表示。続けて「通知設定」を開けば、通知内容の種類や通知の挙動などを設定可能。

3 関心のある話題を テーマで確認する

Yahoo! IDでログインして関心のあるテーマを登録すれば、「テーマ」タブに該当するニュースだけをリストアップすることができる

077 故郷のニュースも毎日確認しよう

ニュース

No076で紹介した「Yahoo!ニュース」では、特定の地域のローカルニュースを表示することもできる。画面を下にスワイプして表示される歯車ボタンをタップし、「地域設定」をタップ。ニュースをチェックしたい地域を登録すれば、ニュース画面の「都道府県」タブで、その地域のローカルニュースを読むことができる。地域は2つ設定できるので、今住んでいる場所だけでなく、実家のある地域なども登録しておくのがオススメだ。ただし、2つ目の地域を設定するにはYahoo! JAPAN IDでのログインが必要となる。

画面を下にスワイプして歯車ボタンをタップし、「地域設定」からローカルニュースをチェックしたい地域を登録しよう。2つ目の地域を登録するには、Yahoo! JAPAN IDでのログインが必要

「都道府県」タブで、登録した地域のローカルニュースを表示できる。2つの地域を登録している場合は、タブで地域を切替可能だ

078 検索した画像をまとめてダウンロードする

画像検索

インターネット上の画像をキーワードで検索し、検索結果から選んだ画像ファイルをまとめてダウンロードできるアプリ。検索設定で対象とするサイズやファイル形式を指定できるほか、選択した画像の類似画像検索でさらに絞り込むことも可能だ。

APP

画像検索
作者／Azrael
価格／無料

画面右上の虫眼鏡ボタンをタップ。キーワードを入力して画像を検索しよう。画像をひとつロングタップして選択モードにし、複数の画像をタップして選択。画面右上のダウンロードボタンで画像を保存する

検索結果で画像をひとつ選んでタップ。画面右上のオプションメニューボタンで「類似の画像」を選ぶと、構図や色合いが似た画像に絞り込むことができる

079 ネットの速度をアプリなしで測定する

通信速度

Webページを開くのに時間がかかったり、ネットへの接続が不安定な時は、通信速度を計測してみよう。計測アプリを使わなくても、Chromeで「インターネット速度テスト」や「スピードテスト」と入力し検索すれば、Googleの通信速度計測サービスを手軽に利用できる。検索結果のトップに「インターネット速度テスト」と表示されたら、「速度テストを実行」をタップするだけだ。30秒ほどでテストが完了し、ダウンロードとアップロードの通信速度が表示される。

Chromeで「インターネット速度テスト」や「スピードテスト」と検索し、検索結果の「速度テストを実行」をタップする

30秒程度で、下りと上りの計測結果が表示される。普段から定期的に計測して、自分の通信回線の平均速度を把握しておこう

080 Twitterの検索オプションを使いこなそう

Twitter

マスト！

Twitterでツイートを検索する際に、検索オプションを活用すれば、よりピンポイントに目的のツイートを探し出せるようになる。普通のWeb検索のように、「A B」（間にスペース）でA、Bを含むAND検索、「A OR B」でAまたはBのOR検索、「-A」でAを除くNOT検索、「"ABC"」でダブルクオーテーションで囲んだキーワードの完全一致検索が可能だ。また下にまとめたように、言語、範囲、日時、リンクや画像を含むツイート、リツイート数やお気に入り数を指定して絞り込むこともできる。

Twitterの便利な検索オプション

● lang:ja
日本語ツイートのみ検索

● lang:en
英語ツイートのみ検索

● near:新宿 within:15km
新宿から半径15km内で送信されたツイート

● since:2016-01-01
2016年01月01日以降に送信されたツイート

● until:2016-01-01
2016年01月01日以前に送信されたツイート

● filter:links
リンクを含むツイート

● filter:images
画像を含むツイート

● min_retweets:100
リツイートが100以上のツイート

● min_faves:100
お気に入りが100以上のツイート

東京 パン屋 since:2018-05-01

複数の検索コマンドを組み合わせれば、目的のツイートをピンポイントで探し出せる

081
Twitter

Twitterで知り合いに発見されないようにする

Twitterでは、連絡先アプリ内のメールアドレスや電話番号から知り合いのユーザーを検索できるが、自分のTwitterアカウントを知人にあまり知られたくない人もいるだろう。そんな時は、Twitterアプリのサイドメニューを表示し、「設定とプライバシー」→「プライバシーとセキュリティ」→「見つけやすさと連絡先」をタップ。「メールアドレスの照合と通知を許可する」と「電話番号の照合と通知を許可する」のチェックを外しておこう。これでメールアドレスや電話番号で知人に発見されることがなくなる。

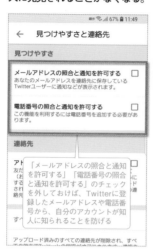

画面左上のユーザーボタンをタップし、サイドメニューを表示。「設定とプライバシー」→「プライバシーとセキュリティ」→「見つけやすさと連絡先」をタップ

「メールアドレスの照合と通知を許可する」「電話番号の照合と通知を許可する」のチェックを外しておけば、Twitterに登録したメールアドレスや電話番号から、自分のアカウントが知人に知られることを防げる

082
Twitter

指定したユーザーがツイートした時に通知する

Twitterでフォロー中のユーザーが増えてくると、気になるユーザーのツイートを見逃してしまうことも多い。この人のツイートは見逃したくないという場合は、そのユーザーのプロフィールページを開いて、ベル型のアカウント通知ボタンをタップしよう。すべてのツイートか、またはライブ放送のツイートが投稿されると、プッシュ通知されるように設定できる。なお、相手をフォローしていないと、アカウント通知ボタンは表示されない。また通知をオンにしても相手にバレることはない。

通知を受け取りたいユーザーのプロフィールページを開き、フォローした上で、ベル型のアカウント通知ボタンをタップ

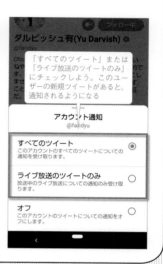

「すべてのツイート」または「ライブ放送のツイートのみ」にチェックしよう。このユーザーの新規ツイートがあると、通知されるようになる

083　**Twitter**

Twitterで苦手な話題が目に入らないようにする

見たくない内容は「ミュート」しておこう

Twitter を使っていると、拡散されたデマツイートが延々とタイムラインに流れたり、知りたくなかったドラマのネタバレ実況が流れたりと、見たくもないツイートを見てしまうことがある。そんな時に便利なのが「ミュート」機能。見たくない単語やフレーズを登録しておけば、自分のタイムラインに表示されなくなり、通知も届かなくなる。ミュートするキーワードには、大文字小文字の区別がない。また、キーワードをミュートすると、そのキーワードのハッシュタグもミュートされる。

1 ミュートするキーワードをタップ

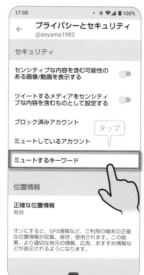

画面左上のユーザーボタンをタップし、サイドメニューを開いたら、「設定とプライバシー」→「プライバシーとセキュリティ」→「ミュートするキーワード」をタップ。

2 見たくない単語やフレーズを追加

「＋」ボタンをタップして、「単語やフレーズを入力」に見たくないキーワードを入力し、右上の「保存」をタップしよう。ミュート対象や期間も設定できる。

3 追加したキーワードが表示されなくなる

「フォローミー」や「拡散希望」など、ノイズになりそうなキーワードを追加しておこう。「#フォローミー」などのハッシュタグも自動的にミュートされる

084 Twitter 使いやすくカスタマイズできる おすすめTwitterアプリ

洗練された インターフェイスと 独自の便利機能

Twitter公式アプリがもの足りないと感じたら、この「Talon for Twitter」を使ってみよう。表示デザインのカスタマイズやユーザーをフォローせずお気に入りにできる機能、指定時間にツイートできるスケジュール機能など、便利な機能が満載だ。アカウントは2つまで同時に利用可能だ。新着ツイートやメンション数を確認できるウィジェットも便利。

Talon for Twitter
作者／Klinker Apps, Inc
価格／330円

1 見やすいように デザインを変更

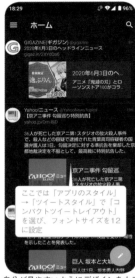

ここでは「アプリのスタイル」→「ツイートスタイル」で「コンパクトツイートレイアウト」を選び、フォントサイズを12に設定

自分が見やすいようにデザインをカスタマイズしよう。サイドメニューの「設定」→「アプリのスタイル」で設定を行う。

2 マッフル機能を 利用する

ミュートするほどではない場合、マッフルにすればこのように省略されて表示される。マッフルを解除するには、ユーザー画面のオプションメニューから「マッフルを解除」をタップする

ユーザー画面右上のオプションメニューボタンで「このユーザーをマッフル」を選ぶと、そのユーザーのツイートがタイムライン上で省略表示される。

3 ウィジェットや スケジュールを利用

Talon for Twitterの「未読バー」ウィジェット

タップして内容と日時を入力する / キューに追加したツイートを表示 / ツイートをスケジュール

ウィジェットで新着ツイート、メンション、DMの件数を確認可能。「+」をタップして即座にツイートすることもできる。また、新規ツイート画面右上のオプションメニューボタンをタップし、「ツイートをスケジュール」→「新規ツイートを追加」を選ぶと、用意した内容を指定日時に自動ツイートするスケジュール機能を利用できる。

085 Twitter Twitterに投稿された 動画やGIFアニメを保存する

2つの方法で 簡単に動画を ダウンロード

Twitterに投稿された動画やGIFアニメは、スマートフォンに保存することができる。まず、No084で紹介した「Talon for Twitter」を使っている場合は、アプリ内で簡単にダウンロード可能。Twitter公式アプリなど別のアプリを使っている場合は、「Download Twitter Videos」というアプリにURLを受け渡してダウンロードしよう。

Download Twitter Videos
作者／Photo and Video App
価格／無料

1 Talon for Twitter でダウンロード

ダウンロードボタンをタップしてダウンロード。本体内の「Talon」フォルダに保存されるので、「マイファイル」などで確認しよう

Talon for Twitterを使っている場合は、動画を投稿したツイートをタップし、続けて動画を再生。再生画面上のダウンロードボタンで簡単に保存可能。

2 公式アプリなどを 使っている場合

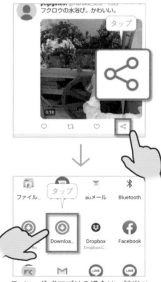

Twitter公式アプリの場合は、該当ツイートの共有ボタンをタップし、「その他の方法でツイートを共有」を選択。共有方法選択画面で「Download Twitter」をタップしよう。

3 画質を選択して ダウンロードできる

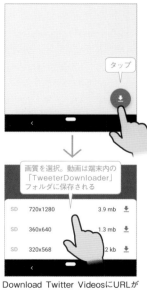

画質を選択。動画は端末内の「TweeterDownloader」フォルダに保存される

SD	720x1280	3.9 mb
SD	360x640	1.3 mb
SD	320x568	2 kb

Download Twitter VideosにURLが受け渡されるので、後はダウンロードボタンをタップすればOK。画質を選択して動画をダウンロードできる。

086
キャプチャ

Webページを1枚の画像として保存する

縦に長いWebページでも、見えない部分を含めてページ全体を1枚の画像として保存できるアプリ。内蔵ブラウザで保存したいWebページを開いたら、右下のキャプチャボタンをタップ。続けて「Capture as Image」をタップすれば保存できる。

APP

Webスクロールキャプチャ
作者／solutionsmob
価格／無料

内蔵ブラウザで保存したいWebページを開き、右下のキャプチャボタンをタップ、続けて「Capture as Image」をタップすると、Webページ全体を1枚の画像として保存できる

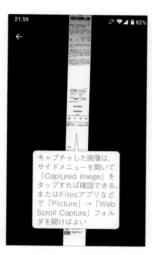

キャプチャした画像は、サイドメニューを開いて「Captured Image」をタップすれば確認できる。またはFilesアプリなどで「Picture」→「Web Scroll Capture」フォルダを開けばよい

087
Wikipedia

ウィキペディアを快適に読むための専用アプリ

ネット百科事典「ウィキペディア」を読むための専用アプリ。言語の切り替えやページ内検索、ページの保存、見出しへの移動機能などを搭載し、Webブラウザよりも快適に記事を閲覧できる。「付近のスポット」でマップ上から記事を探すことも可能。

APP

ウィキペディア
作者／Wikimedia Foundation
価格／無料

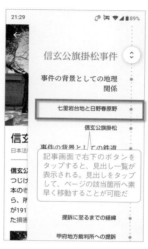

記事画面で右下のボタンをタップすると、見出し一覧が表示される。見出しをタップして、ページの該当箇所へ素早く移動することが可能だ

左下のボタンをタップすると、ページを保存して「あとで読むリスト」に追加できる。保存した記事は、トップページの「自分のリスト」画面で確認できる

マスト!

088　Wi-Fi

テザリング機能を利用して外部機器をWi-Fi接続する

他のスマホやゲーム機などをインターネットに接続

「テザリング」とは、スマートフォンのモバイルデータ通信機能を使って外部機器をインターネットに接続できるようにする機能だ。他のスマートフォンやタブレットはもちろん、Wi-Fi接続機能があるノートパソコン、ゲーム機などを手軽に接続することができる。なお、テザリングで注意したいのがモバイルデータ通信の使用量だ。全てのキャリアで、一定の通信量を超えると通信速度規制が課せられるので、うっかり使いすぎないように注意しよう。ここでは、AQUOS R2 SHV42の操作方法を紹介する。

1 テザリング機能をオンにする

スイッチをオンにする。機種によって異なるものの、テザリング設定は、たいてい「ネットワークとインターネット」や「無線とネットワーク」といったメニューの中にある

「設定」→「ネットワークとインターネット」→「テザリング」→「Wi-Fiテザリング」でスイッチをオンにする。

2 Wi-Fiのパスワードを確認する

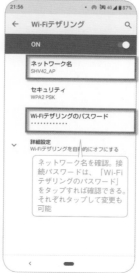

ネットワーク名を確認。接続パスワードは、「Wi-Fiテザリングのパスワード」をタップすれば確認できる。それぞれタップして変更も可能

ネットワーク名を確認し、続けて「Wi-Fiテザリングのパスワード」をタップして、パスワードも確認しておこう。それぞれ変更することもできる。

3 Wi-Fi対応機器からテザリングで接続

タップしてパスワードを入力すればすぐに接続できる

今回はiPadを接続。スマートフォンのネットワーク名が、iPadのWi-Fi接続画面に表示されるのでタップする。パスワード入力画面が表示されたら、同じくスマートフォンに表示されているパスワードを入力しよう。これだけで、スマートフォンのモバイルデータ通信を経由して、iPadでインターネットが利用可能になった。

089 遠隔操作 スマートフォンからパソコンを遠隔操作する

必要なアプリと専用のサーバーソフトをインストールしよう

「TeamViewer」は、スマートフォンから自宅パソコンを簡単に遠隔操作できる、超お手軽無料リモートコントロールサービスだ。パソコンで専用のサーバーソフトを起動しておき、表示されたIDとパスワードをスマートフォン側のアプリに入力するだけでOK。Windows、Mac、Linuxとマルチプラットフォームに対応しているので、自分の環境に合ったサーバーソフトをダウンロードしておこう。

接続するとスマートフォンの画面にパソコンのデスクトップがそのまま表示され、ポインタを使った各種操作やキーボードを使った文字入力などを行える。また、「ファイル転送」機能を使えば、デバイス内のファイルを一覧表示し、相互に転送可能だ。さらに、TeamViewerアカウントでサインインすれば、各デバイスを登録しておき、より素早く接続することができる。「簡易アクセス」を有効にすれば、接続の際のパスワード入力も不要になるのでおすすめだ。

APP
TeamViewerでリモートコントロール
作者／TeamViewer
価格／無料

PC Soft
TeamViewer
作者／TeamViewer
価格／無料
http://www.teamviewer.com/

》》》 スマートフォンから自宅PCをリモート操作する

1 サーバーソフトをインストールして起動

使用中のID
205 955 731

パスワード
5jz55p

まずはパソコンにサーバーソフトをインストールし、起動しよう。「遠隔操作を受ける許可」欄に、IDとパスワードが表示される。これをスマートフォン側のアプリで入力すれば、パソコンの画面をスマートフォンからリモート操作できるようになる。パスワードは、TeamViewerを起動するたびに変更されるが、「その他」→「オプション」→「セキュリティ」→「個人的なパスワード」を設定すれば、毎回同じパスワードで接続可能だ。

2 TeamViewerアプリを起動する

スマートフォン側でTeamViewerアプリをインストールし、起動する。入力フォームにIDを入力し「リモートコントロール」をタップ、続けてパスワードを入力。

3 スマートフォンからパソコンを操作する

スマートフォンからパソコンを遠隔操作できるようになった。キーボードボタンをタップして文字入力を行える他、画面下部のボタンでパソコンの再起動やスタートメニューの表示など、さまざまな操作を行える。もちろん横画面でも利用可能だ。

》》》 パスワード不要で接続できるようにする

1 アカウントでサインインする

パソコンのTeamViewerのアカウント画面（人の形のアイコンをクリック）を開きサインインする。アカウントは「登録」から作成できる。スマートフォン側は、下部メニューの「コンピュータ」でサインインする（初回は、アカウントのメールアドレス宛てに届くメールで認証作業を行う）。

2 アカウントにデバイスを割り当てる

パソコン側の接続画面で、「簡易アクセスを許可」をクリック。「アカウントに割り当て」画面が表示されるので、「割り当て」をクリックしよう。アカウントへの簡単なアクセスが有効化される。

3 パソコンの名前をタップして接続

スマートフォン側で、下部メニューの「コンピュータ」→「マイコンピュータ」を開くと、パソコンの名前が表示されている。タップして、続けて「リモートコントロール（パスワードを使用）」をタップすれば、IDやパスワード入力不要で接続し、リモートコントロールが可能になる。

4

写真・音楽・動画

いつも持ち歩くスマートフォンは、カメラやミュージック
プレイヤー、動画プレイヤーとしても大活躍。
写真の加工や動画編集、SNSへの投稿はもちろん、
YouTubeの保存だってお手のものだ。

090

フォト
レタッチ

無料なのが信じられない
最高のフォトレタッチアプリ

**多彩なエフェクトを
使って簡単に写真を
加工できる**

スマートフォンに搭載されているカメラも高性能化が進み、デジカメに匹敵するような画質で撮影できるようになった。スマートフォンで料理や風景を撮影し、SNSやブログにアップしている人も多いだろう。ただ、せっかく写真を公開するなら、フォトレタッチアプリで見栄えの良い写真にしてから投稿したいところ。

本書がオススメしたいフォトレタッチアプリは、機能の豊富さと使いやすさで評価が高い「Pixlr」だ。アプリを起動したら、まずは「写真」をタップして写真を読み込もう。「カメラ」で直接撮影することも可能だ。加工したい写真を選んだら、下部に並んだメニューボタンをタップ。切り抜きや回転、露出、コントラスト、明るさの調整、ぼかしや赤目補正などの基本的なレタッチ処理はもちろん、手書きによる描画や、手早く印象を変えるエフェクトやオーバーレイなど充実の機能を利用できる。作業は何度もやり直しができるので、写真への効果を確認しながら処理を進めていくと良い。レタッチが終わったら、「完了」をタップして保存する。保存時にはサイズの変更も行える。

APP

Pixlr
作者／123RF
価格／無料

〉〉〉 豊富なフィルタを使って画像を加工しよう

1 アプリを起動して「写真」をタップ

アプリを起動したら、「写真」をタップして、端末内の画像を読み込もう。「カメラ」はカメラを起動して撮影、「コラージュ」は複数の写真を合成できる。

2 「ツール」で多彩なレタッチを施す

画面下部の「ツール」ボタンでは、切り抜きや回転、ぼかし、シャープ、赤目補正など、多彩なレタッチ機能を利用できる。「自動修正」や「自動コントラスト」を適用するだけでも印象が良くなる。

3 「調整」で細かくイメージを補正する

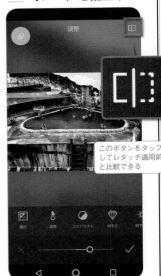

ツールのメニューで「調整」を選ぶと、露出やコントラスト、明るさ、鮮やかさ、彩度などの項目をスライダーで細かく調整できる。スライダーを動かし、右のチェックマークをタップして確定しよう。

4 「ブラシ」で手書きやモザイク処理を行う

「ブラシ」ボタンでは、ブラシでなぞった箇所を明るく（暗く）したり、写真の上に手書きで文字やイラストを描いたり、「ピクセル化」機能でモザイク処理を施すことができる。

5 「エフェクト」でイメージを一変

画面下部の中央のボタンで、「エフェクト」や「オーバーレイ」を適用できる。多彩なフィルタが用意されており、簡単に写真の印象をがらりと変えることができる。

6 編集を終えたら「完了」をタップ

編集が終わったら画面右上の「完了」をタップし、保存やSNSへの投稿を行える。保存時にはサイズの変更も可能だ。

091

写真管理

容量無制限で写真や動画を
クラウドへバックアップ

写真や動画を
無制限に
アップロードできる

Androidスマートフォンには、Google製の「フォト」アプリが標準搭載されている。これを使えば、撮影した写真や動画を「Googleフォト」のクラウドストレージ上にバックアップすることが可能だ。しかも、設定でサイズを「高画質」に指定しておけば、容量無制限にアップロードできる。ただし、写真は1,600万画素、動画は1080p以内に解像度が圧縮される。とはいえ、画質的には元データとほとんど見分けが付かないレベルだ。なお、元データを残す場合は、Googleドライブの容量が消費される。

1 バックアップと
同期を有効にする

「フォト」アプリの「フォトの設定」→「バックアップと同期」でスイッチをオン。撮影した写真や動画が自動でクラウド上にバックアップされる。

2 バックアップの
画質を変更する

「アップロードサイズ」で画質を変更できる。容量無制限で保存するなら「高画質」、元の画質のまま保存するなら「元のサイズ」を選択。

3 他のフォルダを
バックアップする

端末内の他のフォルダも自動バックアップの対象にしたい場合は、「デバイスのフォルダのバックアップ」で対象にするフォルダをオンにしよう。

092

写っている被写体で
写真をキーワード検索

写真検索

「フォト」アプリの「検索」画面を開くと、さまざまな条件で写真をキーワード検索することが可能だ。地名を入力すれば撮影場所が一致する写真が一覧表示されるほか、「海」「花」「犬」などをキーワードに検索すれば、それらが写っている写真がピックアップされる。また、メニューの「フォトの設定」→「フェイスグルーピング」をオンにした上で、「人物」アルバムにまとめられた顔写真に名前やニックネームのラベルを設定しておけば、そのラベルをもとに人物が写った写真を検索できるようになる。

「検索」画面で、場所（「京都」「鎌倉」など）や、被写体のシチュエーション（「空」「赤ちゃん」など）を入力すれば、そのキーワードに合う写真が検出される。なお、撮影場所で検索できるのは、位置情報が記録された写真に限る。

名前を追加

人が写っている写真を検索するには、「人物」アルバムにまとめられた顔写真を選択し、「名前を追加」をタップして、名前やニックネームでラベルを付けておけば良い

093

バックアップした写真を
端末から削除する

写真管理

No091で解説した通り、フォトアプリで「バックアップと同期」をオンにしておけば、端末で撮影した写真は自動的にクラウドストレージにアップロードされるようになる。クラウド上にバックアップされているなら、もう端末内に写真を保存しておく必要はない。フォトアプリでアカウントボタンをタップし、「フォトの設定」→「デバイスの空き容量の確保」をタップすれば、クラウドにアップロード済みの写真や動画が検出されるので、「空き容量を○○増やす」をタップして端末内から削除してしまおう。

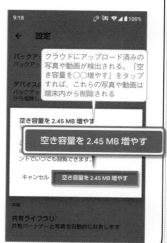

フォトアプリの右上のアカウントボタンでメニューを開き、「フォトの設定」→「デバイスの空き容量の確保」をタップ

クラウドにアップロード済みの写真や動画が検出される。「空き容量を○○増やす」をタップすれば、これらの写真や動画は端末内から削除される

094 自動シャッター機能を活用しよう

カメラ

スマートフォンのカメラアプリは、基本的に画面内のシャッターボタンをタップして撮影できるが、画面をタップするとどうしても画面がぶれる。そこで有効にしておきたいのが、被写体が笑顔になった瞬間を判断して自動で撮影してくれる「スマイルシャッター」や、

「チーズ」「撮影」といった声に反応して自動的に撮影してくれる「音声コントロール」といった、手を触れずに撮影できる自動シャッター機能だ。機種によってさまざまな機能が搭載されているので、カメラの設定画面をチェックしてみよう。

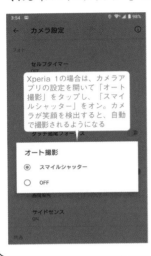

Xperia 1の場合は、カメラアプリの設定を開いて「オート撮影」をタップし、「スマイルシャッター」をオン。カメラが笑顔を検出すると、自動で撮影されるようになる

Galaxy S9の場合は、カメラアプリの歯車ボタンをタップして設定を開き、「音声コントロール」をオン。「スマイル」「チーズ」「撮影」「はいチーズ」といった声を認識して、写真が撮影されるようになる

095 シャッターチャンスを絶対逃さないカメラ設定

カメラ

いちいちホーム画面からカメラアプリを起動していては、せっかくのシャッターチャンスに間に合わない。機種によっては、ロック画面から素早くカメラを起動して撮影するまでを、ワンアクションで行える機能が用意されているので、設定を確認してみよう。例え

ば、Xperia 1なら「スマートカメラ起動」を有効にすれば、スリープ状態でも端末を横向きに構えるだけで自動的にカメラが起動して撮影できる。また「カメラキー長押し起動」を有効にすれば、カメラキーの長押しで起動と撮影を同時に行える。

Xperia 1の場合は、カメラアプリの設定を開いて「スマートカメラ起動」をタップ。「タッチして起動」を選択すると、本体を横向きに構えた時に画面に表示される丸い小窓をタップするだけでカメラを起動できる。「タッチして起動＆撮影」を選択すると起動と同時に撮影もできる

カメラアプリの設定で「カメラキー長押し起動」をタップすれば、端末のカメラキーを長押しした時に、カメラを起動するか、起動と同時に写真を撮影するかを選択できる

096　カメラ　洗練されたフィルタが人気のカメラアプリ

撮影も加工も気の利いた機能が満載

人気インスタグラマーも使うカメラアプリ「VSCO」なら、洗練された豊富なフィルタで、あっという間に雰囲気のある写真に加工できる。VSCOのカメラで撮影してもよいし、標準カメラで撮影した写真をインポートして編集してもいい。初回起動時にユーザー登録が必要だが、無料トライアルはスキップ可能だ。

APP

VSCO
作者／VSCO
価格／無料

1 アプリを起動し撮影する

画面内にグリッドを表示させることもできる

「スタジオ」画面でカメラボタンをタップし撮影モードにする。画面内をタップしてピントと露出を合わせてシャッターを押そう。

2 写真を選びフィルタを適用

選択したフィルタを再度タップすると、スライダーで強度を調整可能。「C1」フィルタが定番で人気だ

レタッチ画面下部の一番左がフィルタボタン。おしゃれな質感のフィルタを利用できる。メンバーシップに加入すると使えるフィルタもある。

3 写真の共有やインポート

タップ

タップ

スタジオ画面で写真を選択すると、右下のオプションメニューから共有機能を利用できる。また、「＋」ボタンで端末内の写真を取り込める。

マスト！

097 写真の保存先を SDカードに変更する

カメラ

ストレージの空き容量に余裕がないときは、撮影した写真や動画の保存先を、SDカードに変更しておこう。SDカードスロットを備えた機種であれば、カメラアプリの設定画面に、保存先をSDカードに変更する項目が用意されている場合が多い。変更後に撮影した写真やビデオは、SDカードの「DCIM」フォルダに保存される。なお、高画質の動画をSDカードに録画するには、ある程度の転送速度が求められる。スピードクラス10またはUHSスピードクラス1以上の、高速モデルを選択しよう。

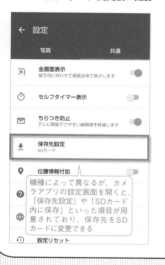

機種によって異なるが、カメラアプリの設定画面を開くと、「保存先設定」や「SDカード内に保存」といった項目が用意されており、保存先をSDカードに変更できる

撮影した写真や動画の保存先は、SDカードの「DCIM」フォルダになる。ファイル管理アプリなどで確認しよう

098 撮影した写真に 位置情報を追加する

写真管理

スマートフォンで撮影した写真は、いつ・どのように撮影したかを「EXIF」というデータで写真に埋め込むことができる。このEXIF情報に撮影場所を示す「ジオタグ」を追加すれば、写真をどこで撮影したかを地図上で確認可能だ。カメラアプリの設定で、「位置情報付加」「GPSタグ」といった項目をオンにしておけば、撮影時に自動的に位置情報が記録されるようになる。ただし、写真をメールで受け渡したりする場合は、自宅や行動範囲などを特定される原因になりかねないので気をつけて利用しよう。

カメラアプリの設定画面で、「位置情報付加」「GPSタグ」などの項目をオンにすれば、撮影した写真に位置情報が記録される

撮影した写真を「フォト」アプリで開いたら、画面を上にスワイプしてみよう。位置情報が付加された写真は、マップで撮影場所を確認できる

マスト！

099 写真の位置情報 を削除する

写真管理

主要なSNSでは、写真をアップすると自動で位置情報が削除されたり、位置情報の掲載を選択可能だが、写真をメールなどで受け渡すと、位置情報が保存されたままなので危険を伴うことがある。気になる場合は、このアプリで位置情報を削除しておこう。

APP
Photo Metadata Remover
作者／Syrupy
価格／無料

位置情報は、撮影したカメラの設定情報などと共に「EXIF」情報として保存される。アプリを起動したら、「CHOOSE PHOTOS」をタップ。EXIF情報を削除したい写真を選択しよう

選択した写真は、EXIF情報を削除した上で、「ダウンロード」フォルダに別途保存される

100 静かな場所でシャッター 音を鳴らさず撮影する

カメラ

無音で写真撮影したいなら、この「Open Camera」がおすすめ。オープンソースで開発されているカメラアプリで、シャッター音を無音にできるほか、広告がなく、設定項目が豊富で、写真の解像度も自由に変更できる、といった点が特徴だ。

APP
Open Camera
作者／Mark Harman
価格／無料

まず、歯車ボタンをタップして設定を開き、「カメラ用API」をタップして「Camera2 API」の方にチェックを入れる

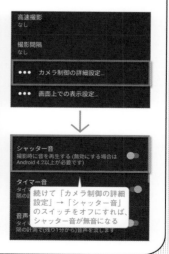

続けて「カメラ制御の詳細設定」→「シャッター音」のスイッチをオフにすれば、シャッター音が無音になる

マスト! 101 レタッチ 写真に写り込んだ邪魔なものをキレイに消去

消した部分も自然に仕上がる驚きのアプリ

貴重な思い出や決定的なシーンを撮影した大事な写真に、イメージを損ねる不要なものが写り込んでいても大丈夫。「TouchRetouch」を使えば、極めて簡単な操作で写真の中の邪魔ものをスッキリ消去。消した部分も驚くほど自然に背景になじみ、気になる加工跡もまったく目立たない。

APP

TouchRetouch
作者／ADVA Soft
価格／210円

1 消したいものが写った写真を開く

タップ

オブジェクト除去

「アルバム」をタップして、消したいものが写った写真を開いたら、下部メニューの「オブジェクト除去」をタップ。

2 消したい部分を選択後「Go」をタップ

消したい部分を指定した後タップする

GO

ピンチ操作で拡大し、ブラシや投げ縄、消しゴムツールで消したい範囲を選択しよう。二本指で画面をドラッグできる。範囲を指定したら「Go」をタップ。

3 不要なものがキレイに消去された

選択部分がフェードアウトするように消え、背景とうまく合成され違和感のない仕上がりとなった。加工跡が気になるようなら、同じ箇所を再度処理してみよう。

102 SNS Instagramの写真をダウンロードし保存する

有名人のインスタ写真をダウンロード保存できる

多くの芸能人やアーティストも活用している写真共有SNS「Instagram」。お気に入りの人物がアップした写真をダウンロード保存したいという人もいるだろう。そんな時は「QuickSave」を使えばOK。動画の保存も可能だ。利用にはInstagram公式アプリも必要なので、インストールしておこう。

APP

QuickSave
作者／DStudio
価格／無料

1 公式アプリでURLをコピー

報告する

投稿のお知らせをオンにする

リンクをコピー

シェア

フォローをや

ミュート

タップ。複数のリンクをコピーしてもよい

まずInstagramの公式アプリで、保存したい写真や動画を見つけたら、3つのドットボタンをタップして「リンクをコピー」をタップ。

2 ダウンロードボタンで保存する

タップして保存。ダウンロード済みで不要になった投稿画像やビデオは、サムネイルを左右にスワイプすることで削除できる

InstaSaveアプリを起動すると、リンクをコピーした投稿が一覧表示されているはずだ。右下のダウンロードボタンをタップすれば保存できる。

3 保存した画像やビデオを確認

内部ストレージ

内部ストレージ QuickSave

ana.japan_CAe7nQhpiG9.jpg
544 KB, たった今

ana.japan_CA910SQJaNd.jpg
336 KB, たった今

ana.japan_CA910SQpTRS.jpg
362 KB, たった今

ana.japan_CA910SRpJ3j.jpg
352 KB, たった今

ダウンロードした写真は端末内の「QuickSave」フォルダ、ビデオは「QuickSave Videos」フォルダに保存されている

103 [Instagram] ログインしないで Instagramの投稿を見る

ストーリーも足跡を付けず閲覧できる

Instagramの投稿を見るには通常はアカウントが必要だが、Chromeで「Gramho」（https://gramho.com/）にアクセスすれば、ログイン不要で投稿を見ることができる。Instagramには相手の投稿を見たことがバレる足跡機能はないが、ストーリーを見ると足跡がついてしまう。このGramhoを利用すれば、ログイン自体を行わないので、相手に知られずにストーリーを見ることが可能だ。ただしGramhoではインスタライブの視聴に対応していないため、足跡を付けずにインスタライブを見ることはできない。

1 Chromeで「Gramho」を開く

名前やユーザーネームで検索

まずChromeで「Gramho」（https://gramho.com/）にアクセスし、検索欄でInstagramの投稿を見たい相手の名前やユーザーネームを入力して検索しよう。

2 Instagramの投稿やストーリーを見る

ストーリーを見ても足跡は付かない

ログイン不要でInstagramの投稿を閲覧できる。またストーリーがあるとフォロー欄などの下に表示され、足跡を付けずに見ることができる。

3 写真やビデオをダウンロードする

タップ

Gramhoでは、投稿された写真やビデオのダウンロードも可能だ。投稿を開いて「Download」ボタンをタップすればよい。

---

104 見られたくない写真を非表示にする

写真整理

他人に見られたくない写真や動画を端末内のアルバムから隠したい時は、このアプリをを使おう。アプリを起動してロック解除パターンを設定後、非表示にしたい写真や動画を選べばOK。非表示のデータは標準の「アルバム」アプリからも見えなくなる。

APP

写真、動画を隠す
作者／COLIFER LAB
価格／無料

アプリを起動したら画面をスワイプして、ロック解除パターンを設定しよう

「目に見える」タブで隠したい写真や動画を選択し、右上のボタンをタップすれば、アルバムアプリなどでも見えないよう非表示にできる

---

105 撮影した動画の不要部分を削除する

動画編集

スマートフォンで撮影した動画は、「フォト」アプリでカット編集することが可能だ。動画を開いて下部の編集ボタンをタップし、タイムラインの左右端をドラッグして動画を残す範囲を指定したら、右上の「コピーを保存」をタップして保存すればよい。左右端をロングタップすると、より細かい範囲指定ができるほか、スタビライズで手ぶれ補正もできる。また機種によっては、「アルバム」「ギャラリー」といった標準アプリで、エフェクトの適用やBGMの挿入など、さまざまな編集を加えることも可能だ。

「フォト」アプリで編集したい動画を開き、下部の編集ボタンをタップする

タイムラインの左右端をドラッグし、動画を残す範囲を指定する。カーソルをロングタップすると、より細かく時間を指定できる。あとは右上の「コピーを保存」をタップすれば、選択した範囲の動画を別名で保存できる

106 動画再生 ファイル形式を気にせず スマートフォンで動画を再生する

変換不要でほとんどの動画を再生できる万能アプリ

「MX Player」は、多数のファイル形式に対応したメディアプレイヤーアプリだ。対応形式は、AVI（Divx、Xvid、H.264）、FLV、MKV、MOV、MP4、MPEG2、OGM、RM、RMVB、3GP、WMV、ASF、WEBM、MP3、WMA、WAVなど。ファイルの変換作業なしで、さまざまな動画を直接再生できるので便利だ。

APP

MX Player
作者／MX Media & Entertainment
価格／無料

1 動画ファイルを転送する

パソコンとUSB接続し、USBの使用モードを「ファイルを転送」に変更。パソコンの動画を端末内の適当なフォルダにコピーしよう。

2 MX 動画プレーヤーを起動して動画を再生

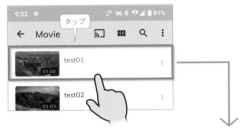

起動すると、端末内の動画ファイルが自動で検出されリスト表示される。見たい動画を選んでタップすれば再生が開始。再生画面では、全画面表示や再生位置のシーク、音声トラックの選択などが可能。オプションメニューボタンでは字幕のオンオフや表示に関する詳細な設定を行える。前回停止した位置から再生するレジューム機能も搭載している。

107 メディアストリーミング スマートフォンの動画や写真をテレビで鑑賞する

スマートフォンの画面をテレビの大画面に出力できる

テレビの HDMI 端子に接続することで、スマートフォンの動画や写真を Wi-Fi 経由でテレビの大画面に映し出せる小型デバイスが「Chromecast」だ。「Google Home」アプリで接続設定を済ませたら、あとは Chromecast 対応アプリの「キャスト」ボタンをタップするだけで、スマートフォンの画面をテレビに出力できる。

APP

Google Home
作者／Google LLC
価格／無料

1 Chromecastをテレビに接続する

Google
Chromecast
価格／5,072円

Chromecast本体のHDMIケーブルをテレビのHDMI端子に接続し、電源ケーブルをChromecastに接続してコンセントに差し込もう。あとはテレビの入力切替ボタンを押し、Chromecastが接続されているHDMI入力を選択すれば準備完了。

2 Google Home アプリで接続設定

スマートフォンで「Google Home」アプリを起動すると、テレビに接続したChromecastが検出される。画面の指示に従ってセットアップを済ませよう。

3 キャストボタンでテレビ画面に出力

YouTubeなど対応アプリの「キャスト」ボタンをタップすれば、再生中の画面がテレビに出力される。No112で紹介しているNetflixやHuluなども対応している。

108 [YouTube] 一度使えばやめられない YouTubeのすごい有料プラン

月額1,180円の YouTube Premium を使ってみよう

YouTubeを毎日のように楽しんでいるなら、「YouTube Premium」への加入がオススメだ。月額1,180円と少々高額だが、動画再生時に広告が表示されなくなるほか、動画のオフライン再生やバックグラウンド再生も可能になる。さらに、YouTubeの音楽サービス「YouTube Music」と、「Google Playミュージック」の有料機能が追加料金なしで使えるようになるほか、「YouTube Originals」チャンネルで一部のPremium専用動画も楽しめる。初回登録時は最初の1ヶ月まで無料で利用できる。

1 ユーザーボタンをタップする

スマートフォンから加入する場合は、まずYouTubeアプリの画面右上にあるユーザーボタンをタップしよう。

2 Premium機能を購入する

アカウント画面が開いたら、「YouTube Premiumを購入」をタップ。画面の指示に従って登録を進めよう。

3 Premium機能を解約するには

最初の1ヶ月は無料で使える。自動課金を防ぐには、アカウント画面の「有料メンバーシップ」→「管理」→「メンバーシップを解約」で解約しておこう。

マスト！

109 [YouTube] YouTubeの動画をスマートフォンに保存しよう

保存しておけばオフラインでも楽しめる

「Premium Box」なら、YouTubeの動画を端末に保存してオフラインで楽しめる。また、バックグラウンド再生も行える。ただしダウンロード機能を15日以上使うには、480円の課金が必要。無料で保存したいなら「ONLINE VIDEO CONVERTER」(http://www.onlinevideoconverter.com/ja)などWebサービスを使おう。

APP

Premium Box
作者／Premium Box
価格／無料

1 内蔵ブラウザで動画を保存

内蔵ブラウザでYouTubeにアクセスして動画を再生すると、ダウンロードボタンが有効になるので、タップして「ダウンロード」をタップ。

2 ダウンロードした動画を再生

ダウンロードした動画は「全て」タブで確認できる。オフラインで再生できるほか、バックグラウンド再生にも対応している。

3 Webサービスなら無料で保存できる

YouTubeの動画を無料で保存したいなら、Chromeで「ONLINE VIDEO CONVERTER」(http://www.onlinevideoconverter.com)にアクセスしよう。入力欄にYouTubeビデオのURLを貼り付け、変換形式を選択して「START」をタップすれば保存できる。ただし広告が非常に多いので注意しよう

マスト! 110 YouTubeをダブルタップでシーク移動する
YouTube

「YouTube」公式アプリには、動画再生画面の右端エリアをダブルタップして早送り、左端エリアをダブルタップして巻き戻しする機能が用意されている。いちいちシークバーを使わなくても、簡単に少し前や後へスキップできるので覚えておこう。このスキップ間隔は、標準だと10秒に設定されているが、YouTubeアプリの右上にあるアカウントボタンをタップし、「設定」→「全般」→「ダブルタップで移動」をタップすれば、5秒〜60秒までの間隔に変更することが可能だ。

YouTubeアプリで動画を再生中に、画面の左右端をダブルタップすると、再生が10秒進む／戻る

ダブルタップで移動する時間は、YouTubeアプリの「設定」→「全般」→「ダブルタップで移動」で変更できる

マスト! 111 レア動画も見つかる動画共有サービス
動画共有

「Dailymotion」は、YouTubeでは削除されてしまうような、レア動画も大量に見つかる動画共有サービス。公式アプリでこれらの動画を快適にチェックしよう。また、サインインを済ませれば、公式アプリで簡単に動画をダウンロード保存できる。

APP

Dailymotion
作者／Dailymotion
価格／無料

Dailymotionにサインインを済ませた上で、「ダウンロード」をタップすると、動画をダウンロード保存できる

保存した動画を確認するには、下部メニューの「ライブラリ」画面を開き、「ダウンロード」をタップ

マスト! 112 動画配信 充実の作品数を誇るおすすめオンデマンド動画配信

定額見放題の動画配信サービスを楽しもう

国内外のドラマや映画、アニメが見放題になる、定額動画配信サービス。海外の有名サービスも続々と参入しており、どれを選べばいいのか迷ってしまうが、そのサービスでしか見られないオリジナルコンテンツがあったり、海外ドラマをリアルタイムで視聴できたりと、各サービスごとに特徴や強みは異なる。スポーツ配信専用など、特定のジャンルに特化したサービスもある。多くのサービスは1ヶ月程度の無料視聴期間が用意されているので、見たい作品が配信されていないか探してみよう。

Netflix
https://www.netflix.com/jp/

| 価格 | 800円(SD)、1,200円(HD)、1,800円(4K)／月 |
| 無料お試し期間 | なし |

1億2,500万人のユーザー数を誇る世界最大級の動画配信サービス。オリジナルコンテンツが人気。画質などの違いで3つの料金プランが用意されている。

Hulu
https://www.happyon.jp/

| 価格 | 933円／月 |
| 無料お試し期間 | 2週間 |

Netflixと同じく海外ドラマが充実しており、FOXチャンネルやナショジオチャンネルはリアルタイムで配信している。国内ドラマやアニメも充実。

Amazonプライム・ビデオ
https://www.amazon.co.jp/

| 価格 | 500円／月、4,900円／年(Amazonプライム会員に登録) |
| 無料お試し期間 | 30日間 |

お急ぎ便、お届け日時指定便などを利用できるAmazonプライム会員に登録すれば、自動的に映画やTV番組も見放題になる。料金も他のサービスに比べ格安。

AbebaTV
https://abema.tv/

| 価格 | 無料(プレミアム960円／月) |
| 無料お試し期間 | 無料(プレミアム試用1ヶ月間) |

完全無料でドラマやアニメ、バラエティ番組などを配信している、広告収入型のインターネットテレビ。過去の番組を視聴するには有料登録が必要。

dTV
http://pc.video.dmkt-sp.jp/

| 価格 | 500円／月 |
| 無料お試し期間 | 31日間 |

約12万もの作品を配信する、国内最大級の動画配信サービス。無料のdocomo IDを取得すれば、ドコモユーザー以外でも利用できる。料金も安い。

DAZN
https://watch.dazn.com/

| 価格 | 1,750円／月 |
| 無料お試し期間 | 1ヶ月間 |

130以上のスポーツコンテンツを、ライブ&オンデマンドで楽しめるスポーツ専用の動画配信サービス。ドコモユーザーは月額980円。

マスト! 113 [音楽配信] 定額聴き放題の音楽配信サービスを利用する

国内外の音楽がいつでも聴き放題になる3つのサービス

熱心な音楽ファンなら、大量の音楽が聴き放題になる音楽配信サービスを利用してみよう。「YouTube Music」は基本無料の音楽サービスで、公式の配信曲やアルバムを検索してフル再生できるほか、手持ちの曲を最大10万曲までアップロードできる。ただし無料版だと、曲の再生前に広告が表示され、バックグラウンド再生もオフライン再生もできない。月額980円の有料プランならこれらの制限がなくなり、MVなどの動画を音声のみで聴くモードも追加されるので、MVしか公開されていない最新曲もいち早く楽しめるのが強みだ。「Spotify」は無料で5,000万曲以上が聴き放題になる音楽サービスで、バックグラウンド再生も可能。ただし無料プランだと再生時に広告が入りシャッフル再生しかできない。iPhone／iPadユーザーであれば月額980円で6,000万曲が聴き放題になる「Apple Music」もおすすめだ。

APP
YouTube Music
作者／Google LLC
価格／無料

APP
Spotify
作者／Spotify Ltd.
価格／無料

APP
Apple Music
作者／Apple Inc.
価格／無料

>>> YouTube Musicを利用する

1 聴きたい曲を検索する

「探索」画面や上部の虫眼鏡ボタンで、アーティストや曲を探し出そう。公式の配信曲や収録プレイリスト、YouTubeにアップされた曲などがヒットする。

2 曲をタップして再生する

曲名をタップすると、広告表示のあとに再生が開始される。アルバムの「+」ボタンや、各曲のオプションメニューの「ライブラリに追加」でライブラリに追加できる。

3 ライブラリの曲を確認する

「ライブラリ」画面の「YT MUSIC」タブで、ライブラリに追加した曲やプレイリストを確認できる。自分でアップロードした曲は「アップロード」タブで表示される。

>>> SpotifyやApple Musicを利用する

1 Spotifyで聴きたい曲を探す

YouTube Musicと同じく無料で5,000万曲を楽しめる音楽配信サービスが「Spotify」だ。まずはユーザー登録を済ませて、「Sarch」画面などで聴きたい曲を探そう。

2 無料版は広告ありシャッフル再生のみ

無料プランだと曲順はシャッフル再生しかできない。また再生中に時おり広告が流れることがある。月額980円のプレミアムプランでこれらの制限は解除される。

Apple MusicをAndroid端末で使う

iPhoneやiPadを持っているなら、月額980円で6,000万曲が聴き放題になる、「Apple Music」をAndroidスマートフォンでも使ってみよう。初回は3か月無料で体験できる。

114　今、流れている曲のタイトルを知りたい

音楽

テレビ、ラジオ、あるいはお店などで流れている曲で、なんという曲だったか思い出せない、または初めて聴く曲だけどすごくいい！というときに、その曲名が即座にわかったらいいなと思ったことはないだろうか。このアプリは、そんな希望に応えてくれる。使い方はカンタンで、アプリを起動し、流れている楽曲をスマートフォンの内蔵マイクに認識させるだけだ。見つかれば、曲のタイトルをスパッと表示してくれる。かなりの精度で見つけてくれるのがスゴイ。

スマホの別のアプリから音楽が流れている際にSoundHoudを起動して、曲を認識させることもできる

APP
SoundHound
作者／SoundHound Inc.
価格／無料

中央のオレンジ色のボタンをタップし、曲を端末のマイク（電話する際の口元付近でOK）に聴き取らせよう。イヤホンから聴こえる音からでも判別できる。

115　DVD再生とCD取り込みができるWi-Fiドライブ

周辺機器

パソコンを使わなくても、スマートフォンで直接DVDを視聴できる、Wi-Fi搭載の外付けドライブが「DVDミレル」だ。専用の「DVDミレル」アプリをインストールするだけで、スマートフォンがDVDプレイヤーに早変わり。ドライブに挿入したDVDを、ワイヤレスで再生できるようになる。さらに音楽CDのリッピング機能も備えており、パソコンを一切使わずに、音楽CDの曲をスマートフォンに取り込むことが可能だ。こちらも専用の「CDレコ」アプリをインストールすれば利用できる。

アイ・オー・データ機器
DVDミレル（DVRP-W8AI3）
実勢価格／13,300円
無線LAN／IEEE802.11ac/n/a/g/b
サイズ／W145×H17×D168mm
重量／400g

スマートフォンに専用の「DVDミレル」「CDレコ」アプリをインストールすれば、ワイヤレスでDVDビデオを視聴したり、音楽CDを直接取り込める、Wi-Fi搭載DVD／CDドライブ。取り込みのファイル形式は、AndroidならAAC／FLAC、iOSならAAC／ALACとなる。

116　ラジオ　聴き逃した番組も後から楽しめるラジオアプリ

過去1週間の番組や全国の番組も聴ける

ラジオ番組をネット経由で聴取できるサービス「radiko」では、現在地のエリアで放送しているラジオ番組をリアルタイムで聴けるほかに、「タイムフリー」機能で過去1週間の放送を後から聴くこともできる。さらに月額350円のプレミアム会員なら、全国のラジオ放送をエリアフリーで聴くことが可能だ。

APP
radiko.jp for Android
作者／株式会社radiko
価格／無料

1　「ライブ」で放送中の番組を聴く

ライブ

「ライブ」画面では、現在地のエリアで放送中のラジオ番組が一覧表示される。タップすれば、番組をリアルタイムで聴くことができる。

2　「タイムフリー」で過去の番組を聴く

タイムフリー非対応の番組もあるので注意しよう

タイムフリー
番組表

下部の「番組表」画面では、過去1週間まで遡って番組を聴ける。ただし再生開始から3時間経過すると、その番組を聴けなくなる制限がある。

3　「エリアフリー」で全国の番組を聴く

エリアフリー
東京都

50MB以上のファイルは保存期間が30日となるので注意しよう

プレミアム会員（月額350円）なら、現在地エリア以外の全国のラジオ番組も聴ける。エリアは左上の「エリアフリー」ボタンで切り替え。

5

仕事効率化

せっかくのスマートフォンは、仕事でも
しっかり使いこなしたい。カレンダーやノートは
もちろん、ToDoやクラウド、オフィスアプリでの
書類作成も導入し、スマートな情報管理や
仕事効率化テクニックを実践しよう。

117 カレンダー ベストなカレンダーアプリで スケジュールをきっちり管理

Googleカレンダーと同期する使い勝手のいいカレンダーアプリ

スケジュールを管理するのに標準のGoogleカレンダーアプリでもいいが、もっと予定が見やすく使い勝手のよいカレンダーアプリを探しているなら、この「aCalendar」がおすすめ。Googleカレンダーと同期する人気のカレンダーアプリだ。月表示でもきちんとイベント内容を確認でき、週表示でも小さく月カレンダーが表示されるなど、スケジュールのチェック時に助かるレイアウトが魅力だ。

基本的な操作方法は、画面内を左右にフリックで月／週／日カレンダーに切り替え。上下スワイプで前の／次の予定を表示。日付をロングタップで新規イベントの作成。左上の三本線ボタンでメニューを開くと、年／予定表リストへの切り替えもできる。左右フリックでのカレンダー切り替えはちょっと独特で、指を置いた日を起点にして週／日カレンダーに切り替わる仕様になっている。

なお、有料版の「aCalendar+」（500円）であれば、Googleタスクと同期可能なタスク管理機能なども追加される。さらに、「aCalendar Store」をインストールすれば、特定のスポーツチームのスケジュールなどをインポートできる。

APP

aCalendar
作者／Tapir Apps GmbH
価格／無料

>>> Googleカレンダーとの同期と基本操作

1 起動してGoogleカレンダーと同期

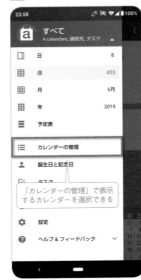

「カレンダーの管理」で表示するカレンダーを選択できる

初回起動時に連絡先やカレンダーへのアクセスを許可すると、Googleカレンダーと同期する。左上の三本線ボタンでサイドメニューを開くと、表示形式の切り替えや、カレンダーの管理を行える。

2 デフォルトカレンダーの設定

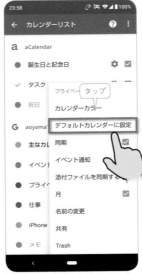

タップ

新規イベント作成時のデフォルトカレンダーを変更するには、サイドメニューから「カレンダーの管理」をタップし、カレンダーをロングタップ。「デフォルトカレンダーに設定」をタップしておく。

3 起動時の初期画面の変更

日／週／月から初期画面を選択しよう。標準では「週」に設定されている

サイドメニューから「設定」→「表示設定」をタップ。「初期画面」で、アプリ起動時に最初に表示するカレンダー形式を変更できる。

4 カレンダー表示形式の切り替え

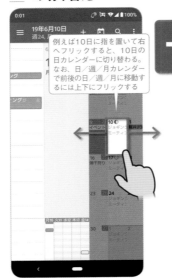

例えば10日に指を置いて右へフリックすると、10日の日カレンダーに切り替わる。なお、日／週／月カレンダーで前後の日／週／月に移動するには上下にフリックする

画面内を左右にフリックすると、表示形式を月／週／日カレンダーに切り替えできる。指を置いた日を起点にして、表示する週や日が決定されるので要注意。

5 新規イベントの作成画面を開く

件名や時間、場所、アラームなどを設定したら右上のチェックマークをタップして予定作成を完了する

上部「+」アイコンをタップ、または日付をロングタップして時間を選択すれば、新規イベントの作成画面が開く。上部「▼」でメニューを開くと、登録するカレンダーを変更できる。

6 指定日のカレンダーに素早く移動する

上下にフリック

オプションメニューで「指定日へ」をタップし、表示されるカレンダーを上下にフリック。日にちをタップし、最後に「OK」をタップすると、指定日のカレンダーへ素早く移動できる。

マスト!

118 [カレンダー] 仕事やプライベートなど複数のカレンダーを使い分ける

用途別に複数のカレンダーを作成しておこう

Googleカレンダーで予定の登録先を使い分けたい場合は、あらかじめ「仕事」「プライベート」など、用途別に複数のカレンダーを作成しておこう。色分けして分かりやすく確認できるほか、共有カレンダーを作成しておけば、No119の手順で他のユーザーと予定を共有できる。ただし新しいカレンダーは、アプリから作成することはできない。パソコンで作業するか、ChromeなどのブラウザでWeb版のGoogleカレンダーにアクセスし、「他のカレンダー」横の「＋」ボタンから「新しいカレンダーを作成」で作成しよう。

1 「新しいカレンダーの作成」をタップ

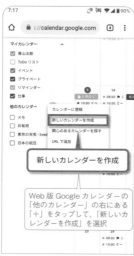

まずChromeでWeb版のGoogleカレンダー（https://calendar.google.com/）にアクセス。オプションメニューで「PC版サイトを表示」を選択する。うまく表示されない場合は、モバイル版サイトの画面下部で「デスクトップ」をタップ（No119でも解説）。

2 カレンダー名を入力して作成する

カレンダー名を入力して「カレンダーを作成」をタップ。あらかじめ「仕事」「プライベート」といったカレンダーを作成し、用途別に使い分けよう。

3 カレンダーの設定や色を変更する

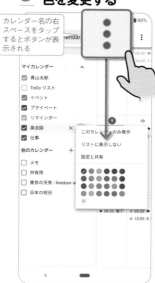

作成したカレンダー名右端の3つのドットボタンをタップすると、カレンダーの設定や表示色などを変更できる。カレンダーの色の変更は「Googleカレンダー」アプリでも行える。

119 [カレンダー] 複数のユーザーでカレンダーを共有する

家族や友人、同僚とスケジュールを共有しよう

Googleカレンダーは、指定したカレンダーを他のユーザーと共有することもできる。例えばプロジェクトのスケジュールを社員で共同管理したり、旅行の予定を友人と相談するといったシーンで便利。カレンダーを共有する際には、予定の編集許可を相手に与えるかどうかも設定できる。閲覧許可のみを与えて、自分だけが編集権限を持つようにも設定可能。なお、カレンダーの共有を設定するには、ChromeなどのWebブラウザでWeb版のGoogleカレンダーにアクセスする必要がある。

1 Web版のGoogleカレンダーへアクセス

ChromeでWeb版のGoogleカレンダー（https://calendar.google.com/）へアクセス。パソコンのWebブラウザで操作してもよい。

2 カレンダーを選んで共有メニューをタップ

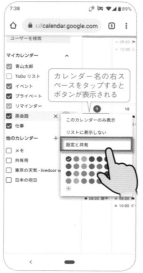

「マイカレンダー」で共有したいカレンダー右の3つのドットボタンをタップ。表示されるメニューで「設定と共有」をタップする。

3 共有するユーザーを指定する

「特定のユーザーとの共有」欄で「ユーザを追加」をタップし、共有したい相手のメールアドレス（Gmailアドレスでなくてもよい）を入力する。

120 [カレンダー] 予定が近づいたらメールで知らせるようにする

時間をずらした複数のメール通知も設定可能

Googleカレンダーの予定は、指定した時間前に通知アイコンと通知パネルで知らせることができるが、さらにメールで知らせるよう設定することも可能だ。通知を設定したい予定をタップし、続けて鉛筆ボタンをタップして編集画面を開く。さらに通知設定欄の「通知を追加」→「カスタム」をタップ。カスタム通知設定画面で通知の時間を選択し、通知方法に「メール」を選べばOK。さらに「通知を追加」で、時間をずらした複数の通知を設定しておくこともできる。

1 予定の編集画面で通知を追加

「Googleカレンダー」アプリで予定をタップ後、続けて鉛筆ボタンをタップして編集画面を開く。「通知を追加」で「カスタム」→「メール」にチェックを入れる。

2 メール受信のタイミングを設定

同じ画面の上部でメール受信のタイミングを設定できる。○分前／時間前／日前／週間前を設定し、最後に「完了」をタップしよう。

3 予定の通知がメールで届く

設定したタイミングで、カレンダーでログインしているGoogleアカウントのGmailアドレスへメールが届く。件名に予定の詳細が記載されておりわかりやすい。

---

121 [ToDo] タスクをスマートに管理できるToDoアプリ

使いやすいUIを搭載した次世代のToDo管理アプリ

「ToDoist」は、タスク管理の面倒臭さを極限まで排除したクラウドベースのタスク管理アプリだ。各タスクの締切日や繰り返し、サブタスク、優先順などをサクサク設定でき、日々のやるべきことを効率的に管理できる。登録したタスクは、他のスマートフォンやパソコンでも閲覧／管理が可能だ。

APP
Todoist
作者／Doist
価格／無料

1 新規タスクを追加しておこう

「＋」ボタンをタップしたら、「企画書作成　来週火曜日」といった感じで、タスク名とタスクの締切日を入力。この送信ボタンをタップすればタスクが登録される

アプリを起動したら右下の「＋」ボタンで新規タスクを登録しよう。入力欄では、スペースで区切ることでタスクの締切日とタスク名を同時に入力可能。

2 タスクの完了操作は右スワイプで

タスクの左端にあるチェックボックスをタップすれば完了できる

完了したタスクは一覧画面で左端の「○」をタップすればOK。また、タップで選択したタスクは、画面下の各種ボタンで再編集などが可能だ。

3 締切日の変更もサクッとできる

タスクを左にスワイプすれば、下のような画面になり、締切日の変更を簡単に行うことが可能

122 クラウド パソコンとのデータのやりとりに最適なクラウドストレージサービス

クラウドを意識せずにパソコンやスマホでデータを同期できる

スマートフォンのデータをパソコンへ転送したり、パソコンからスマートフォンへデータをコピーする際、通常はUSBケーブルやWi-Fiを使って転送するが、いちいち接続する手間は結構面倒なもの。そこで活用したいのが、ネットを経由してパソコンやスマートフォンのデータを同期してくれるクラウドストレージサービスだ。

「Dropbox」は、パソコンやスマートフォンのファイルをクラウド上へアップロードして同期し、いつでもどこでも最新のファイルを取り出すことができるサービス。自宅でも、外出先でも、会社でも、同期作業を意識することなく常に最新のファイルを利用することができる。自宅パソコンのDropboxフォルダへファイルを入れておくだけで、特別な操作をしなくてもそのファイルをスマートフォンから利用できるので非常に便利だ。逆に、スマートフォン内のファイルをDropboxアプリへ送れば、自動的にパソコンのDropboxフォルダへそのデータが保存される。また、「カメラアップロード」機能を利用すれば、スマホで撮影した写真を自動的にDropboxへアップロードすることも可能だ。

APP
Dropbox
作者／Dropbox, Inc.
価格／無料

>>> Dropboxへログインしてクラウドストレージを利用

1 Dropboxへサインインする

Dropboxのアカウントを持っていれば、「ログイン」をタップしてサインインしよう。持っていない場合は「登録」から新規アカウントを作成する。

2 カメラアップロードを設定する

画面左上の三本線のボタンをタップしてサイドメニューを開き、続けて「設定」をタップ。設定画面で「カメラアップロード」をタップしてオンにしよう。

3 同期されたファイルを操作

サイドメニューで「ファイル」をタップすると、ファイル一覧が表示される。閲覧したいファイルを探してファイル名をタップしよう。ファイル名のロングタップで選択状態になり、各種操作を行える

4 同期されたファイルの閲覧

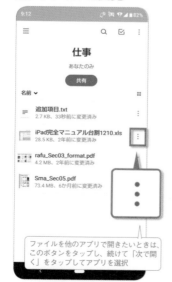

ファイルを他のアプリで開きたいときは、このボタンをタップし、続けて「次で開く」をタップしてアプリを選択

ファイル名をタップすると、ファイル形式に応じて内蔵ビューワや他のアプリでファイルを閲覧できる。テキストファイルは、内蔵エディタの「Dropboxテキストエディタ」で編集することも可能だ。

5 他のアプリのファイルを保存

各アプリの「共有」メニューから「Dropboxに追加」をタップしてファイルをアップロードする

他のアプリからデータをDropboxへ保存する場合は、各アプリの共有メニューから「Dropboxに追加」をタップする。URLリンクなどは、テキストファイルとして保存される。

6 大きなファイルを受け渡す

ファイル名右の3つのドットボタンをタップし「共有」を選択。Dropboxユーザーのアドレスを入力して共有する。相手もDropboxにログインする必要がある。画面下部の「リンクを作成」から送信するリンクの場合は、Dropboxにログイン不要で、ファイルの閲覧、ダウンロードが可能だ

Dropboxを経由させれば、メールでは送信できない大きなファイルも他のユーザーへ受け渡しできる。相手がDropboxユーザーでなくても大丈夫だ。

123 クラウド Dropboxとスマートフォン内の フォルダを同期する

端末内のフォルダと Dropboxのフォルダ を自動で同期

スマートフォン内の指定した フォルダと、Dropboxの指定し たフォルダを自動的に同期させ るアプリが、この「Dropsync」 だ。カメラアップロード機能の ように端末のファイルを自動 アップロードするだけでなく、 Dropbox側で追加したファイル も、端末側に自動ダウンロード するようになる。

APP

Autosync for Dropbox - Dropsync
作者／MetaCtrl
価格／無料

1 アプリを起動し Dropboxと接続

起動後、「Dropboxへ接続」をタッ プし接続処理を行う。次に「何を同期 するのかを〜」→「自分でフォルダの 〜」をタップし、同期するフォルダを 選択。

2 同期するフォルダ を選択する

「Dropbox内の〜」と「デバイス内 の〜」それぞれの空欄部分をタップし、 同期したいフォルダを選択。同期方法 を選択し、「同期を有効にする」をオ ンに。

3 ペアを設定した フォルダが同期開始

デフォルトでは自動同期が有効になっ ている。画面右下の同期ボタンをタッ プすることでも随時同期可能。なお、 複数フォルダを同期するには課金が必 要だ。

---

124 Googleドライブと端末 内のフォルダを同期
クラウド

No123で紹介した「Autosync Dropbox - Dropsync」の Googleドライブ版。スマート フォン内の指定フォルダと Googleドライブの指定フォルダ を自動的に同期してくれる。設定 手順も同じで、ペアにするフォル ダを指定していけばよい。

APP

Autosync for Google Drive
作者／MetaCtrl
価格／無料

---

125 外出先のコンビニで 書類をプリントアウト
印刷

スマホからファイルを登録して、 セブンイレブンの富士ゼロックス 製マルチコピー機で印刷できるア プリ。利用にはユーザー登録が必 要となる。印刷するファイルは他 のアプリの共有メニューから登録 するほか、メールにファイルを添 付して「upload@m.netp.jp」に 送信することでも登録可能だ。な お、近くにセブンイレブンがない 場合は、サークルK／サンクス／ ファミリーマート／ローソンに設 置されている、シャープ製マルチ コピー機で印刷できるアプリ、 「PrintSmash」を利用しよう。 外出先で急遽書類が必要な際など に強い味方となるはずだ。

トップメニューでプリントメディアを選択 後、「ファイルをプリント」をタップし、 端末内のファイルを選択。用紙サイズやカ ラーなどを選択した後「アップロード」を タップ。アップロードが完了し、予約番号 一覧画面右下の「更新」をタップすれば予 約番号が発行される

「予約番号一覧」タブで8桁 のプリント予約番号を確認、 あとはセブンイレブンのマル チコピー機で番号を入力すれ ば印刷できる

APP

netprint
作者／Fuji Xerox Co., Ltd.
価格／無料

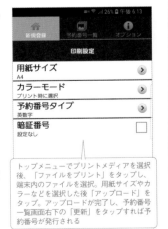

126

リモート会議

在宅ワークで導入したい 定番リモート会議アプリ

リモート会議を 手軽に開催できる Zoomを利用しよう

コロナ渦により在宅ワークが広まる中で注目されているのが、ネットミーティングやオンライン飲み会を行えるリモート会議サービスだ。定番のサービスは「Zoom」で、パソコンやスマートフォン、タブレットなどデバイスを選ばず利用できる。

Androidスマートフォンで利用する場合は、まず「ZOOM Cloud Meetings」アプリをインストールしよう。他のユーザーが主催するリモート会議に参加するだけなら、ユーザー登録は不要。「ミーティングに参加」をタップし、主催者に教えてもらったミーティングIDとパスワードを入力して参加すればよい。自分で主催する時は、「サインアップ」でユーザー登録するか「サインイン」でサインインを済ませて、「新規ミーティング」をタップ。ミーティングIDとパスワードを他のユーザーに伝えて参加してもらおう。「スケジュール」でリモート会議を開催する日時を指定することも可能だ。ミーティング中はチャットを使ったり、画面を共有したり、ホワイトボードを利用することもできる。ただし無料プランだと、3人以上で利用する場合は40分まで、参加人数は最大100人までの制限がある。

APP

ZOOM Cloud Meetings
作者／zoom.us
価格／無料

>>> Web会議に参加する

1 ミーティングに 参加をタップ

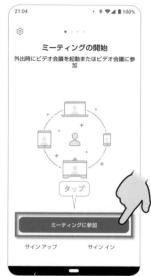

他のユーザーが開催したWeb会議に参加するだけなら、ユーザー登録は不要。アプリを起動して「ミーティングに参加」をタップしよう。主催する時はサインインが必要。

2 ミーティングIDなど を入力して参加

主催者から教えてもらったミーティングIDと自分の名前を入力し、「ミーティングに参加」をタップ。続けてパスワードを入力し「ビデオ付きで参加」か「ビデオなしで参加」をタップで参加できる。

3 Web会議中の 画面と退出

Web会議中の画面。画面を左右にフリックすると、話し手の顔が映るモードと、参加者全員の顔が映るモードに切り替えできる。右上の「退出」→「ミーティングを退出する」で退出できる。

>>> Web会議を主催する

1 サインインして ミーティングを主催

Web会議を主催するにはZoomのアカウントが必要となる。サインインを済ませたら、「新規ミーティング」をタップしてミーティングを開始しよう。

2 ミーティングIDと パスワードの確認

画面上部中央の「Zoom」をタップすると、ミーティングIDとパスワードを確認できる。これを他の参加者に伝えて入力してもらい、参加を許可すれば相手の画面が表示される。

3 スケジュール 設定も可能

「スケジュール」をタップすると、Web会議を開催する日時を指定できる。日付と開始／終了時間を設定して「完了」をタップしたら、ミーティングIDなどを参加者に伝えよう。

127

クリップボード

効率よくコピペできる
クリップボードアプリ

クリップボードの履歴からテキストを再利用できる

通知エリアに常駐し、テキストをコピーする度に内容をストックしてくれるクリップボード管理アプリ。ストックされたリストから項目をタップすれば、過去にコピーしたテキストを何度でも再利用可能だ。コピーした複数のテキストをひとつにまとめて、メールで送信するといった使い方もできる。

APP

Clipper - Clipboard Manager
作者／rojekti
価格／無料

1 コピーした内容が履歴として残る

起動すると通知エリアに常駐。さまざまなアプリでコピーしたテキストをストックしていく。各内容をタップすればコピーされ、別のアプリでペーストできる。

2 「かけら」に定型文を登録可能

「かけら」では、画面右下の「＋」ボタンで定型文を登録できる。定期的に送信するメールの文章など、よく使う内容を登録しておくといいだろう。

3 複数のテキストを合体させる

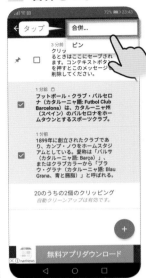

ロングタップで複数のテキストを選択し、オプションメニューから「合併」→「保存」をタップすれば、ひとつのテキストにまとめられる。

128

文章作成

長文入力に最適の
軽快テキストエディタ

使いやすい状態にカスタマイズして効率的に文章入力

スマートフォンで文章をガッツリ書きたい時にオススメのテキストエディタ。非常に細かいカスタマイズが可能で、レスポンスも良く快適に長文入力ができる。折り返しを含む行番号表示が可能という点も他のエディタにはない特徴だ。文字コードも設定可能なので、文字化けしたテキストを開くのにも便利。

APP

Jota+
作者／Aquamarine Networks.
価格／無料

1 快適にテキストを編集できる

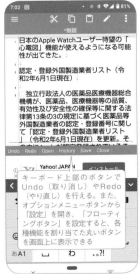

軽快な動作で文章を快適に編集できる。複数ファイルを開いてタブで切り替える機能や、「Undo」「Redo」などの編集ボタンも使いこなすと便利だ。

2 文字コードの変更も可能

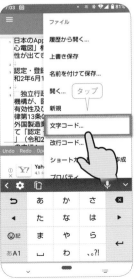

右上のオプションメニューボタンで「ファイル」→「文字コード」を選ぶと、文字コードを変更できる。文字化けしたテキストを開く場合に使ってみよう。

3 表示設定をカスタマイズ

右上のオプションメニューボタンで「設定」→「表示」を選ぶと、折り返し幅や行間調整、行番号の表示など、詳細なカスタマイズが行える。

129 [自動処理] 各種アプリやクラウドを連携して自動処理する

指定した動作をトリガーとして処理を自動実行

「IFTTT」は、主要なクラウドサービスやアプリ、Androidの機能を連携して自動実行できるサービスだ。例えば、天気が雨の時にLINEで通知を受け取ったり、電話の発着信記録をGoogleドライブのスプレッドシートに記録するなど、無限の活用法が考えられる。なお、登録したアプレットは15分間隔で実行される。

APP
IFTTT
作者／IFTTT
価格／無料

1 「Get more」をタップする

ホーム画面では登録済みの「アプレット」（自動処理の組み合わせ）が、サービスごとに一覧表示される。他のアプレットを探すには、一番下の「Get more」をタップ。

2 既存のアプレットを検索する

日本語でも検索できる

他のユーザーが作成したおすすめのアプレットが一覧表示される。上部の検索欄でアプリ名や機能を入力して、利用したいアプレットを検索しよう。

3 アプレットを有効にする

使いたいアプレットが見つかったらタップして詳細を開き、続けて「Connect」をタップ。必要に応じてログインの処理などを行えば、自動処理が有効化される

マスト！ 130 [電卓] さまざまな計算を柔軟に行える電卓アプリ

メモの挿入や計算結果の利用など便利な機能が満載

メモ帳と電卓が融合した電卓アプリ。メモ帳タイプのインターフェイスに計算式を入力すると、自動で計算結果が表示される。計算式は同時にいくつも入力でき、全計算式の結果の合計も表示される。文字でメモを加えることも可能だ。計算式の途中で編集したり、計算式の結果を別の計算式に利用するなど、極めて柔軟な計算を行える。

APP
CalcNote - 計算式電卓
作者／burton999 calculator developer
価格／無料

1 複数の計算式を入力していく

飛行機の場合
14000 * 2 + 2000バス

このように計算式内に文字を混在させることも可能。ただし、計算式の行内に全角の記号を入力すると計算結果が表示されないなど、NGな書式もあるので注意しよう。また、結果の数値をタップすると、税込や税別の数値もすぐに確認できる

メモ帳のような画面に計算式を入力。「ABC」ボタンで文字入力、「123」ボタンで計算式に切り替える。各計算式の結果と、全計算式の合計も瞬時に表示。

2 計算式の結果を別の計算式で利用

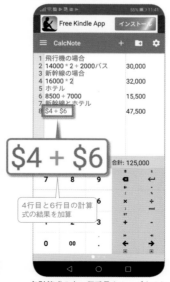

$4 + $6

4行目と6行目の計算式の結果を加算

各計算式の赤い行番号をタップすると、その計算式の結果を別の計算式内で再利用できる。また、計算式にカーソルを合わせれば、文章のように再編集可能だ。

3 計算した内容を保存する

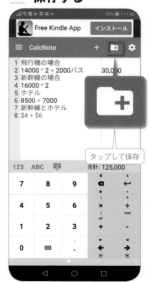

タップして保存

画面右上のフォルダ型のボタンをタップすると、計算内容（メモのページ全体）に名前を付けて保存できる。「+」をタップすると、新規ファイルを作成。

131 オフィス スマートフォンでWordやExcel のデータを閲覧・編集する

Androidスマホ用の Microsoft Office 公式アプリ

仕事に欠かせないWordや Excelの文書をスマートフォン で扱うなら、Microsoft純正の アプリを利用しよう。閲覧はも ちろん編集機能も充実しており、 他社製のOffice互換アプリのよ うなレイアウト崩れのトラブル などもなく、信頼して利用でき る。ここではWordアプリの使 い方を解説するが、Excelの場 合も同様の操作で編集可能だ。

APP
Microsoft Word
作者／Microsoft Corporation
価格／無料

1 スマホ内やクラウド からファイルを開く

Microsoftアカウントでサインインを 済ませ、下部メニューの「開く」を タップ。ファイルの保存先から書類を 選択しよう。右上の「+」で新規ファ イルを作成できる。

2 Wordファイル を編集する

ファイルを開き、編集ボタンをタップ。 続けて「ホーム」をタップすればツー ルを変更できる。文字の編集は、文章 をタップして直接入力可能だ。

3 ファイルの保存や 共有を行う

画面右上のオプションメニューから、 上書き保存や名前を付けて保存する。 また「共有」で他のユーザーとファイ ルを共有することもできる。

132 ドキュメント 共有 複数のメンバーで 書類を共同編集したい

Googleドライブで 作成したファイルは 共同編集できる

標準インストールされている 「Googleドライブ」は、 Googleのクラウドストレージ を利用するためのアプリだが、 オンラインオフィスとしての機 能も備えている。Microsoft Officeと互換性のある独自形式 のドキュメント文書やスプレッ ドシートを作成して、他のユー ザーと簡単に共同編集できるの で、ビジネスシーンなどに活用 しよう。なお、ファイルの閲覧 と編集には「ドキュメント」 「スプレッドシート」などのア プリを使うので、標準インス トールされていない場合は別途 Playストアから入手する必要 がある。

1 ファイルの 共有をタップ

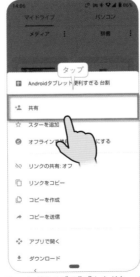

Googleドライブで作成したドキュ メント文書やスプレッドシートを共同編 集するには、まずファイル名右のオプ ションメニュー（3つのドット）から 「共有」をタップする。

2 共有したい相手に 招待メールを送る

共有するユーザーに書類 の編集権限も与えるなら 「編集者」、閲覧のみに 制限するなら「閲覧者」 を選ぼう

共有したいユーザーのメールアドレス とメッセージを入力し、送信ボタンを タップ。「編集者」をタップすると、 編集権限の変更も行える。

3 ファイルのリンクを 共有する

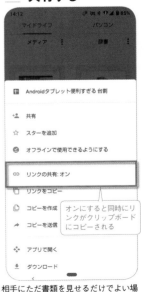

オンにすると同時にリ ンクがクリップボード にコピーされる

相手にただ書類を見せるだけでよい場 合は、「リンクの共有」をオンにして、 書類のリンクをメールなどで送信しよ う。受け取った側がリンクを開くと、 書類を閲覧できる。

133 音声入力 長文入力にも対応できる音声入力機能

キーボードより高速に入力できる

スマートフォンの文字入力が苦手な人は、音声入力の快適さを知っておこう。Android端末には「Google音声入力」が標準で用意されており、キーボード上のマイクボタンをタップすればすぐ利用できる。認識精度は非常に高く、喋った内容はほぼリアルタイムでテキストに変換してくれる上、声を認識しないといった事もほとんどない。メッセージの簡単な返信や、ちょっとしたメモに便利なだけでなく、長文入力にもおすすめだ。ただし、今のところ日本語で句読点や改行を音声入力できない点には注意しよう。

1 Google音声入力に切り替える

切り替えできない時は、「設定」→「システム」→「言語と入力」→「仮想キーボードを管理」で「Google音声入力」を有効にする

設定で「Google音声入力」が有効になっていれば、キーボードに用意されたマイクボタンをタップすることで、音声入力モードに切り替えできる。

2 音声でテキストを入力する

Google 音声入力は変換精度が非常に高い音声入力もラクラク ハンズフリーで歩きながら入力でき

音声入力を終了しキーボード入力に戻る

カーソル左側の文字を一字削除する

マイクに話しかけると、自動的に日本語変換されテキストが入力される。バックスペースで左側の一字を削除、右上の「×」で音声入力を終了。

3 句読点や記号は音声入力できない

Google 音声入力は変換精度が非常に高い音声入力もラクラク ハンズフリーで歩きながら入力できる

丸天 かっこ 改行

句読点や改行は、あとからキーボードで入力し直そう

句読点や改行に対応するのは、英語やドイツ語など一部言語のみ。日本語で「てん」「まる」などを話しかけても、そのままの文字が入力されてしまう。

---

134 音声入力 音声入力した文章を同時にパソコンで整える連携技

Googleドキュメントを使った最速編集テク

No133の通り、Google音声入力はかなり実用的なレベルで使えるものの、日本語で句読点や改行を音声入力できない弱点がある。また、テキストの入れ替えや、コピー&ペーストといった操作もスマートフォンでは面倒だ。そんな欠点を解消してくれるのが、Googleドキュメントと音声入力の連携技。スマートフォンとパソコンで同じGoogleドキュメントの画面を開いておけば、スマートフォンで喋ってテキストを音声入力しながら、パソコンの画面上で句読点や改行を入力したり、誤字脱字も即座に修正できる。

1 Googleドキュメントアプリで音声入力

タップして一時停止

まずはスマートフォンでGoogleドキュメントアプリを開き、Google音声入力でテキストを入力していこう。

2 句読点や改行はパソコン側で入力

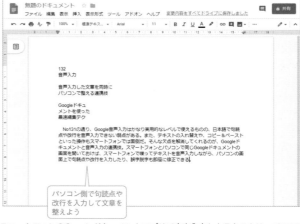

パソコン側で句読点や改行を入力して文章を整えよう

スマートフォンのGoogleドキュメントアプリで音声入力したテキストは、パソコンのGoogleドキュメント（https://docs.google.com/document/）にもリアルタイムで表示されていく。句読点や改行が必要になったら、パソコン側で入力すればよい。スマートフォン側の画面にもすぐに反映される。

135

名刺管理

名刺を撮影し情報を
連絡先に保存する

名刺に書かれた文字を
認識してデータ化、
連絡先に登録できる

スマートフォンをビジネスで活用する上で、名刺管理はぜひ使いたい機能。スマートフォンのカメラで名刺を撮影して管理できる「CamCard Lite」は、OCR（文字認識）機能を内蔵した名刺管理アプリ。カメラで名刺を撮影すると、記載されている文字を認識してテキストデータ化、連絡先に登録して管理できる。

APP

CamCard Lite
作者／INTSIG Information
Co.,Ltd
価格／無料

1 名刺をスマホの
カメラで撮影する

アプリを起動したら画面下のカメラボタンをタップ。内蔵のカメラで名刺を撮影する。できるだけ均等に光を当て、まっすぐ撮影するのがコツ。

2 名刺の内容が
文字認識される

名刺の画像認識が完了すると、認識された項目が表示される。誤認識されている部分は、項目をタップして手動で修正する。最後に「保存」をタップしよう。

3 認識された内容を
連絡先に登録

名刺情報確認画面の下の方にある「同時に携帯に保存」欄で、保存先のアカウントを選択しよう。一度選択すれば、次からは同じ保存先が選択される。

マスト！

136

PDF

PDFファイルのページを
整理、編集する

Acrobatでは
有料の機能を
無料で使える

PDFファイルのページを操作したい場合は、この「Xodo PDF Reader & Editor」を利用しよう。ページの追加や削除はもちろん、移動や抽出、別のPDFファイルの挿入などを無料で行うことができる。サイズの重いファイルもスムーズに扱うことが可能だ。仕事でPDFの書類を多用するユーザーは、ぜひ試してみよう。

APP

**Xodo PDF Reader &
Editor**
作者／Xodo Technologies Inc.
価格／無料

1 まずはページの
一覧を表示する

PDFファイルを開いたら、画面をタップし、下部に表示されるボタンでページ一覧を表示しよう。一覧画面で各種ページの操作を行える。

2 ページの削除や
複製、抽出を行う

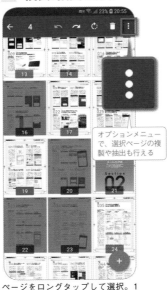

ページをロングタップして選択。1ページ選択状態になれば、他のページはタップして複数選択していける。画面上部のゴミ箱ボタンで削除可能。

3 ページの配置変更や
別PDFの挿入

移動したいページをドラッグすれば、位置を変更可能。また、画面下部の「＋」→「別ドキュメントの追加」で、別のPDFを選択し、挿入できる。

SECTION

6

設定と
カスタマイズ

ハイスペックで自由度の高いスマートフォンは、
自分仕様にカスタマイズすることで、
飛躍的に操作性がアップする。
各種設定を見直すと共に先進的なアプリを導入し、
スペシャルな端末に仕上げよう。

137 ホーム画面 ホーム画面を好みのデザインにカスタマイズしよう

見た目も操作性もガラッと変えられるホームアプリ

Android端末のホーム画面は、「ホームアプリ」をインストールすることで、デザインを自由に変更できる。特にカスタマイズ性の高さと豊富な機能で人気のホームアプリが「Nova Launcher」だ。アイコンのデザインや配置可能数、エフェクトなど、さまざまな設定を変更して、自分好みのホーム画面に仕上げよう。

APP
Nova Launcher ホーム
作者／TeslaCoil Software
価格／無料

1 Nova Launcherを標準ホームアプリに

タップしてホーム画面をNova Launcherに変更。元のホーム画面に戻すには、本体の「設定」→「ホーム切替」や、「アプリと通知」→「デフォルトアプリ」といった項目から、標準ホームアプリを選択すればよい

常時

ホームとしてNova Launcherを使用

1回のみ　常時

別のアプリを使用
AQUOS Home
AQUOSかんたんホーム

インストールしたらホームキーをタップし、「Nova Launcher」を選択して「常時」をタップ。これで標準のホームアプリがNova Launcherになる。

2 アイコンの表示数やレイアウトを変更

Novaの設定

デスクトップのグリッド数

5
6
7

3　**4**　5

サブグリッドの…

キャンセル　完了

ホーム画面の空いた場所をロングタップし、「設定」をタップ。ホーム画面やドックのアイコン表示数、スクロール効果などを変更していこう。

3 自分好みのホーム画面にカスタマイズ

有料版を購入すれば、ジェスチャーなども設定できるようになる。ただし原稿執筆時点では、Android 10のジェスチャーナビゲーション（No001）に非対応。また、Nova Launcherに対応するアイコンパックやテーマを追加インストールすれば、更に自由度の高いカスタマイズが可能だ

---

138 ウィジェット 柔軟にカスタマイズできるウィジェットを利用する

自分で工夫してウィジェットを作成できる

Android端末では、時計や天気予報、カレンダー、ニュースなど、さまざまな情報を表示できるパネル状のツール、「ウィジェット」をホーム画面に配置できるが、たいていデザインが決まっており自由度も低い。カスタマイズ性の高い「KWGT Kustom Widget Maker」を使って、オリジナリティ溢れるホーム画面を構築しよう。

APP
KWGT Kustom Widget Maker
作者／Kustom Industries
価格／無料

1 好きなサイズのウィジェットを配置

Google Play Music

Google Play M... 1x1　　Google Play M... 4x1

Kustom Widget

タップ

KWGT 1x1　1x1　KWGT 2x2　3x3

LaunchBoard

LaunchBoard　4x2

LINE

ホーム画面をロングタップして「ウィジェット」をタップ。「Kustom Widget」の好きなサイズのウィジェットを選び、ホーム画面に配置しよう。

2 プリセットからウィジェットを選択

特集　インストール済み　保存済み　バックアップ

ベースパック

ClassicDigital

11
44

自分で新規ウィジェットを作成

Cut

ベースパック
Kustom Industries

MONDAY
ELEVEN S4

DateAnd…arm

プリセットから選択

ベースパック
Kustom Industries

配置した空ウィジェットをタップし、プリセットから好きなウィジェットを選ぼう。または、右上のボタンから自分で新規ウィジェットを作成することもできる。

3 ウィジェットを細かく編集する

Kustom
Widget v2.46

Root

タップして保存

アイテム　背景　レイヤー　グローバル変数

Bg 長方形
Border 長方形
Hours
Minutes

TikTok
4.5 ・無料　インストール

テキストや図形を自由に編集し、保存ボタンをタップすれば配置される。かなり自由度が高いので、まずはプリセットをベースにして編集方法を覚えよう。

139
アイコン

ホーム画面をアイコンパックでカスタマイズ

ホーム画面のアイコンデザインを変えたいなら、「Long Shadow Icon Pack」のようなアイコンパックを使おう。Playストアで「Icon Pack」などをキーワードに検索すれば多数見つかる。ただし、利用には対応するホームアプリも必要だ。

APP
Long Shadow Icon Pack
作者／SrboDroid.com
価格／無料

あらかじめホームアプリをインストールしておき、Long Shadow Icon Packを起動したら、「Apply」をタップ。アイコンを変更したいホームアプリを選択しよう

フラットなロングシャドウアイコンに変更される。デザインを元に戻すには、ホームアプリ側の設定でアイコンテーマを変更すればよい。「Nova Launcher」の場合は、「Novaの設定」→「外観と操作感」→「アイコンスタイル」で、アイコンテーマを「Long Shadow」から「システム」に変更すればOK

140
ホーム画面

ホーム画面切り替え時のエフェクトを変更する

ホーム画面は左右にスワイプすることで複数の画面を切り替えて利用できるが、機種によっては、スワイプした際の画面エフェクトも変更可能だ。ホーム画面の空いているスペースをロングタップし、下部に表示される「エフェクト」や「画面切り替え」をタップすればよい。

左右にスワイプした際の画面効果が変わった

タップ

さまざまな画面切り替えエフェクトを設定してみよう。ちょっとした変化だが新鮮な使用感を得ることができる。

141
画面表示

画面表示アイテムのサイズを変更する

スマートフォンの画面が小さくて見づらい人や、逆に表示が細かくてもいいからもっと画面内の情報量を増やしたい人は、設定の「画面設定」→「表示サイズ」といった項目を探そう。画面全体の表示サイズを変更できる。下部に用意されているスライダーを左右にドラッグすると、文字サイズやアイコンサイズが変わる様子をプレビューで確認できるので、自分が一番見やすいサイズに設定しておこう。機種によって異なるが、3〜5段階で調整することが可能だ。文字サイズだけ変更したい場合は、No142を参照。

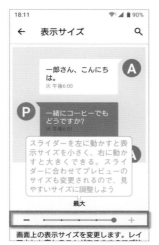

「設定」→「画面設定」→「表示サイズ」や「表示モード」といった項目をタップ

スライダーを左に動かすと表示サイズを小さく、右に動かすと大きくできる。スライダーに合わせてプレビューのサイズも変更されるので、見やすいサイズに調整しよう

142
文字サイズ

表示される文字のサイズを変更する

No141の設定は画面全体の表示サイズを変更するが、文字サイズだけを変更したい場合は、設定の「画面設定」→「フォントサイズ」といった項目を探そう。こちらもスライダーを動かして、サンプルテキストの文字サイズを確認しながら変更できる。機種によるが、4〜5段階で調整可能だ。また、No141の表示サイズとは別に設定できるので、表示サイズを最大にしてもまだ文字が見づらい人は、表示サイズを最大にした上で、文字サイズも最大にしよう。画面内の情報量は減るものの、かなり文字を読みやすくなる。

「設定」→「画面設定」→「フォントサイズ」や「文字サイズ」といった項目を探してタップ

スライダーを左に動かすと文字サイズを小さく、右に動かすと大きくできる。サンプルテキストを確認しながら、見やすいサイズに調整しよう。No141の表示モードを最大にして、更に文字サイズを最大にすることも可能だ

143 使用中はスリープ状態にならないようにする
画面設定

一定時間無操作だとスリープ状態に移行するが、長文などをじっくり楽しんでいるときにも画面が消えてしまうのが困りもの。このアプリを使えば、起動中は自動スリープを一時的に無効にしてくれる。放置ゲームの進行などにも便利だ。

APP

NeverSleeper
作者／For Innovation
価格／無料

インストールを済ませたらアプリを起動し、「起動」ボタンをタップ。通知パネルに常駐し、自動スリープが無効になる

スリープを再度有効に戻したい場合は、通知パネルから「GoBright タップして終了する」をタップすればよい

144 インストールしたアプリをホーム画面にも表示
ホーム画面

Play ストアからアプリをインストールしても、ホーム画面にアイコンが配置されない場合は、ホーム画面の設定を確認してみよう。ホーム画面の何もない場所をロングタップし、「ホームの設定」をタップ。「ホーム画面にアイコンを追加」といった項目が用意さ

れているので、これをオンにしておけばよい。なお、ドロワー画面（アプリ管理画面）がないタイプのホームアプリでは、アプリをインストールすると自動的にホーム画面にアイコンが配置されるので、この設定項目が用意されていない場合がある。

「ホーム画面にアイコンを追加」をオンにすれば、Playストアからアプリをインストールした際に、ホーム画面にもアプリのアイコンが自動配置されるようになる

145 わずらわしいアプリの通知表示を個別にオフ
通知

アプリの通知は便利な機能だが、頻繁に通知が発生するアプリを放っておくと、ステータスバーに表示が大量に並び、いちいち消去するのが面倒になる。通知が不要なアプリは機能をオフにしてしまった方がいいだろう。通知をオフにするには、「設定」を開いて

「アプリと通知」でアプリをすべて表示し、該当するアプリの詳細を開く。続けて「通知」をタップし、一番上のスイッチをオフにすると、通知表示をすべて無効にできる。アプリの設定メニューに詳細な通知設定がある場合もあるので、チェックしておこう。

「設定」→「アプリと通知」画面からアプリを選んでタップ。続けて「通知」をタップする

一番上のスイッチをオフにすれば、そのアプリの通知機能を全てオフにできる

146 ロック中は通知を表示しないようにする
通知

新着メールやメッセージが届いた際は、ロックを解除しなくても、ロック画面の通知でメッセージ内容の一部や件名を確認できる。ただ、ロック画面は誰でも見ることができるので、メッセージ内容を表示したくない人もいるだろう。そんな時は、ロック画面の通知方

法を変更すればいい。設定画面は機種によって違うが、「ディスプレイ」や「アプリと通知」などの設定から、ロック画面の通知設定を探し、「プライベートな内容を非表示」を選択しよう。または通知をオフにしてもいい。

AQUOS R3の場合は、「設定」→「ディスプレイ」で「詳細設定」を開き、「ロック画面の表示」→「ロック画面」をタップ

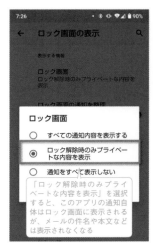

「ロック解除時のみプライベートな内容を表示」を選択すると、このアプリの通知自体はロック画面に表示されるが、メールの件名や本文などは表示されなくなる

147
通知

通知のLEDを
オフにする

　新着メッセージなどが届いた際は、デフォルトだと端末のLEDライトが点滅して知らせる設定になっているが、LEDの点滅は一瞬なので、端末が目に入る位置に置かれていないと気づきにくい。バッテリーの節約にもなるので、不要ならLED通知はオフにして

おこう。多くの機種では、「設定」→「アプリと通知」または「画面」に「LED通知」項目があり、LEDの点灯を切り替えできるはずだ。通知音を鳴らさずに、LEDの点滅だけで通知を確認したい場合などは、オンにしておこう。

148
マナーモード

指定した時間に自動
でマナーモードにする

　マナーモードのスケジュールは、「設定」→「音」→「高度なマナーモード」や、「通知の鳴動制限」といった項目で設定できる。平日の夜はアラーム以外の通知音やバイブレーションを鳴らさないようにするなど、あらかじめいくつか作成済みの自動ルールがあるので、

開始時間や終了時間を編集すればすぐに利用可能だ。自動ルールは「追加」で自由に作成できるほか、マナーモード中でも優先する重要な通知を選択したり、画面上のポップアップ通知もブロックするなど、細かな設定も行える。

149
Wi-Fi

Wi-Fiルータを最新で
高速なものに変更する

　最近のスマートフォンなら高速無線LAN規格「IEEE802.11ac」に対応しているが、肝心の無線LANルータが11acに非対応のままでは意味がない。11acは理論上最大で6,900Mbpsの高速通信が可能な規格で、これは従来の11n（最大600Mbps）

の11.5倍の速度にあたる。実際にここまで高速な通信速度は出ないが、有線LAN並のパフォーマンスが期待できるので、自宅のルータが11gや11nまでしか対応していないなら、買い換えをおすすめする。売れ筋モデルは5,000～6,000円台で購入可能だ。

NEC
Aterm WG1200HP3
実勢価格／5,800円

3階建て（戸建）、4LDK（マンション）までの間取りに向いた、11ac対応ルータ。スマートフォンの位置を自動判別する「ビームフォーミング」や、複数端末接続時に速度を落とさない「MU-MIMO」にも対応。

バッファロー
WSR-1166DHP4
実勢価格／5,900円

2階建て（戸建）、3LDK（マンション）までの間取りに向いた、11ac対応ルータ。スマートフォンの位置を自動判別する「ビームフォーミング」に対応。

150
画面

画面の色味を細かく
調整する

　画面の色味が気になるなら、「設定」→「画面」や「ディスプレイ」の項目を確認してみよう。彩度やコントラストを高く・低くしたり、映画向きの画質にしたり、自然な色合いにするなど、画質モードを変更する設定が用意されていることが多い。また機種によっては、

カラーサークルなどを使って手動で色合いを変更でき、自分の目がもっとも疲れない画面に設定しておくことができる。夜間に目が疲れないように、No162で紹介しているブルーライトカット機能も、あわせて設定しておこう。

マスト! 151

文字入力

キーボードを自分仕様に細かくカスタマイズする

Google標準のGboardをより使いやすく設定

Androidスマートフォンでは、文字入力が可能な画面をタップすると下部にソフトウェアキーボードが表示され、文字入力や日本語変換を行える。このソフトウェアキーボードは、機種によって、メーカー独自のキーボードアプリが標準搭載されている場合と、「iWnn IME」や「Gboard」など、実質的にAndroid標準となっているキーボードアプリが搭載されている場合がある。特に「Gboard」は、Google製のためAndroidとの親和性が高く、使い勝手も非常にいいので、ここでは「Gboard」をより便利に使うために、チェックしておきたい設定項目を紹介する。

「Gboard」が標準搭載されていない機種でも、Playストアからインストールして利用することが可能だ。

Gboardは、標準だと日本語12キーしか使えないので、まずは日本語QWERTYキー、英語QWERTYキーなど、自分が利用する入力方式を追加しておこう。手書き入力モードなども追加できる。また、キーボード上部の「…」→「検索」では、Google検索してURLやタイトルを共有することができる。ブラウザの検索結果をコピーして貼り付けるよりも、簡単で早いので覚えておこう。他にも、スタンプやGoogle翻訳など、便利な機能が多数搭載されている。

APP

Gboard
作者／Google LLC
価格／無料

>>> Gboardでチェックしておきたい便利な設定

1 Gboardの設定画面を開く

Gboardの「あa1」キーをロングタップすると、Gboardの設定画面が開く。標準では日本語12キーしか使えないので、まずは「言語」をタップしてキーボードを追加しよう。

2 QWERTYキーボードなどを追加する

「キーボードを追加」をタップして言語を選択すれば、さまざまなキーボードを追加できる。日本語QWERTY、手書き、英語QWERTYなど、利用するキーボードを追加しておこう。

3 QWERTYキーに数字行を追加する

Gboardの設定画面で「設定」をタップし、「数字行」のスイッチをオンにしておけば、QWERTYキーボードの最上段に数字行が追加され、数字を素早く入力できるようになる。

4 手書きモードで入力する

手順2の操作で、手書きキーボードを追加しておけば、手書きで文字を入力できるようになる。地球儀ボタンをタップして、入力方式を手書きモードに切り替えよう。

5 片手モードで入力する

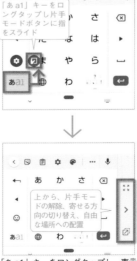

「あa1」キーをロングタップし、表示された片手モードボタンに指をスライドすると、キーボードが左側に寄った片手モードに切り替わる。画面が大きく指が届きにくいキーがある場合に利用しよう。

6 Google検索や翻訳を利用する

キーボード上部の「…」をタップすると、翻訳やフローティングなどの機能を利用できるほか、「検索」でGoogle検索して検索結果のURLやタイトルを素早く入力できる。

152 文字入力 濁音や半濁音もスピーディに入力できる日本語入力アプリ

フリック入力より少ないタッチで高速入力できる

濁音も素早く入力できるフリック入力の進化版「ターンフリック入力」と、12個のキーをなぞることでローマ字入力できる「アルテローマ字入力」の、2つの新しい入力方法を採用したキーボードアプリが「アルテ日本語入力キーボード」だ。フリック入力でもまだ遅いと感じる人は、この高速入力方式を試してみよう。

アルテ日本語入力キーボード
作者／Umineko Design
価格／無料

1 キーボードの設定を済ませる

まずはキーボードの初期設定を済ませよう。ターンフリック入力で濁音や半濁音も入力するには、入力方法を「TFEi」に変更する必要がある。

2 ターンフリック入力の使い方

左フリックで「き」を入力し、表示される入力ガイドに従いフリックの軌道を下に曲げれば、1度の操作で「きょ」を入力できる

あ段の濁音や半濁音は斜め方向のフリックで入力。また、例えば「ぷ」を入力するには、「は」キーを上へフリックし、そのまま左へフリックするなど、2段階の軌道でフリックすればよい

フリック入力が得意な人は、ターンフリック入力（TFEi）が便利。「きょ」などの拗音や、「ば」「ぱ」などの濁音と半濁音をフリックで素早く入力できる。

3 アルテローマ字入力の使い方

「きょう」を入力

ローマ字入力の方が得意な人は「アルテローマ字入力」が便利。12キーを一筆書きのようになぞることで、ローマ字入力で素早く入力できる。

153 文字入力 手書きに特化したキーボードを使ってみよう

精度の高い手書き入力でさっとメモできる

ブラウザ、メール、メモなど、あらゆるアプリで手書き入力できるようになるアプリが「mazec3」だ。変換精度は極めて高く、適当な走り書きでもかなり正確に認識してくれるほか、ひらがな混じりの文字を漢字変換したり、くせ字を正しく変換するよう登録しておくこともできる。

mazec3
作者／MetaMoJi Corp.
価格／980円

1 設定でmazec3を有効にしておく

アプリを起動し「mazec3を使える状態にする」をタップ。キーボード設定の「mazec3手書き変換」をオンにしておこう。

2 キーボードをmazec3に切り替え

メールやメモアプリでキーボードを表示させたら、右下のキーボードボタンをタップし、「mazec3手書き変換」を選択する。

3 手書きで日本語入力ができる

キーボードがmazec3に切り替わるので、入力欄に手書きで文字を入力していこう。漢字や英字などを混在させても、高い精度で変換してくれる。

154

通信量節約

余計な通信をしないために 各種設定を見直そう

ちょっとした設定で 毎月の通信量が 大きく変わる

使った通信量によって段階的に料金が変わる段階制プランだと、少し通信量をオーバーしただけでも次の段階の料金に跳ね上がる。また定額制プランでも段階制プランでも、決められた上限を超えて通信量を使い過ぎると、通信速度が大幅に制限される。このような事態を避けるには日頃の節約意識が大事だが、自分ではあまり使っていないつもりでも、スマートフォンはデフォルト設定のままだと、自分が意図しないさまざまなタイミングでモバイル通信を行っている。そこで、不要なモバイル通信を制限する設定を行い、できるだけ通信量を節約してみよう。

特に効果が大きいのは、バックグラウンド通信の遮断だ。アプリやサービスによっては、ユーザーが操作してない間にも自動で通信を行う。設定で「データセーバー」をオンにしておけば、ほとんどのアプリやサービスでモバイルデータ通信時のバックグラウンド通信が遮断され、Wi-Fi接続時のみ通信を行うようになる。ただし、各種通知やSNSのメッセージなども受信できなくなるので、「データ無制限アクセス」や「データ通信を制限しないアプリ」といった項目で、例外的にバックグラウンド通信を許可するアプリとして登録しておこう。その他、アプリ更新や同期にモバイルデータ通信を使わない設定や、ブラウザやSNSアプリのデータ圧縮機能を有効にするといった設定も効果的だ。

≫≫ 通信量を節約するための設定ポイント

1 バックグラウンド通信を制限する

「設定」→「ネットワークとインターネット」→「データセーバー」をオンにすれば、アプリやサービスのバックグラウンド通信を停止できる。

2 アプリの自動更新はWi-Fiで行う

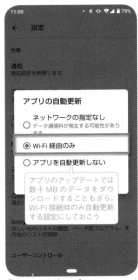

「Playストア」アプリのメニューから「設定」→「アプリの自動更新」をタップ。「Wi-Fi経由のみ」にチェックしておこう。

3 不要なGoogleサービスをオフ

「設定」→「アカウント」でGoogleアカウントをタップし、「アカウントの同期」をタップ。同期が不要なサービスはスイッチをオフにしておこう。

4 Chromeのライトモードをオンにする

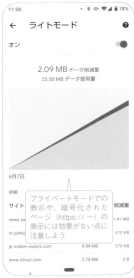

Chromeの「設定」→「ライトモード」をオンにすると、Webページ閲覧時はGoogleのサーバで容量を圧縮して表示されるようになる。

5 Twitterのデータセーバー機能をオン

Twitterアプリの「設定とプライバシー」→「データ利用の設定」→「データセーバー」を有効にすると、動画は自動再生されず画像も低画質で読み込まれる。

6 YouTube MusicはWi-Fiで使う

YouTube Musicの「設定」→「Wi-Fi接続時のみストリーミング」をオンにすれば、モバイルデータ通信でストリーミング再生しなくなる。

マスト! 155 [通信量節約] 通信量が増えがちな NG操作を覚えておこう

アプリの操作によっても通信量は増えてしまう

普段何気なく行っているアプリの操作でも、少し気を付ければ毎月のデータ通信量は大きく節約できる。通信量が増大する操作の筆頭といえばYouTubeの動画視聴だが、HD画質の動画をSD画質で再生するだけで通信量を半分くらいに抑えることが可能だ。4G／LTE回線だと標準でHD画質が再生されてしまうので、Wi-Fi接続時以外はHD画質で再生しない設定にしておきたい。その他、Googleマップの拡大縮小操作や、Facebookの動画自動再生機能などもデータ通信量を増やす要因なので注意しよう。

1 YouTubeの HD画質での再生

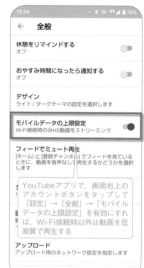

モバイルデータ通信時にYouTubeのHD動画を再生すると、膨大なデータ量が消費されてしまう。Wi-Fi接続時のみHD動画を再生する設定にしておこう。

2 Googleマップの 拡大・縮小

Googleマップは、ナビ機能を使うより拡大・縮小でマップを読み込み直す方がデータ通信量が大きい。特に航空写真表示だと通信量も大幅にアップする。

3 Facebookの 動画自動再生

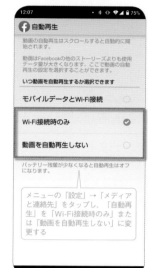

Facebookは標準設定だとフィード画面をスクロールするだけで投稿動画を自動再生してしまう。余計な通信をしないよう自動再生をオフにしよう。

マスト! 156 [通信量確認] 通信量を通知パネルや ウィジェットで確認

いつでも素早くデータ通信量を確認できる

今月使用したデータ通信量や残データ量は、通信キャリアのサポートサイトで正確に確認できるが、いちいちアクセスして確認するのは面倒だ。「My Data Manager」をインストールしておけば、通知パネルやウィジェットで、現在のデータ通信量を素早く確認できるので、使い過ぎを防ぐことができる。

My Data Manager
作者／App Annie Basics
価格／無料

1 データ上限や 締め日を設定する

通信キャリアのサポートサイトで、現在までの使用データ量を確認し、この欄に入力しておく

起動したら「データプランを設定またはプランに参加する。」をタップし、データ量の上限と開始日、現在までの使用量を設定しよう。また、設定で使用状況へのアクセスも許可しておく。

2 通知パネルで データ量を確認

My Data Managerがステータスバーに常駐し、通知パネルを開くだけで、すぐに現在の使用データ容量や残り日数を確認できるようになる。

3 ウィジェットで データ量を確認

またウィジェットでも、現在の使用データ容量や残り日数を確認できる。うっかり使い過ぎないように、いつでも目につくホーム画面に配置しておこう。

157

クイック
設定

クイック設定ツールに
さまざまな機能を追加する

デフォルトでは
用意されていない
機能も追加できる

　No016で解説している通り、クイック設定ツールに表示するタイルは自由に編集できるが、追加可能なタイルは最初から決まっている。もっと他の機能を追加したいなら「Tiles」を利用しよう。クリップボードや稼働時間、通知ログなど、デフォルトでは用意されていないタイルを追加できる。

APP

Tiles
作者／rascarlo
価格／120円

1 クイック設定に追加
したいタイルを選択

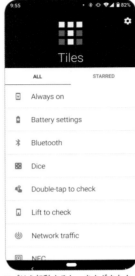

アプリを起動すると、さまざまなタイル（機能）が表示される。クイック設定に追加したいタイルをタップしよう。

2 タイルの表示を
オンにする

「タイルを表示・非表示」をオンにする。タイルによっては、システムの許可が必要だったり、対象のアプリや機能を指定する必要がある。

3 クイック設定の
編集画面で追加

クイック設定の鉛筆ボタンをタップして編集モードにすると、タイルが一覧に追加されているはずだ。ドラッグしてクイック設定に追加しよう。

158

アプリ

同じアプリを複数同時利用
できるクローンツール

複製を作成して
同じアプリを
もう一つ実行する

　アプリの複製を作成して、同じ端末上で同じアプリを2つ同時に起動できるようにするアプリが、この「並行世界」だ。通常は、ひとつの端末でひとつのアカウントしか利用できないDropboxやLINEなどのアプリを複製し、別のアカウントも平行して利用できるようになる。複製できないアプリや、複製を起動後すぐに終了してしまうアプリ、機能が制限されてしまうアプリもあるので注意しよう。

APP

並行世界
作者／LBE Tech
価格／無料

1 アプリを選択して
複製する

初回起動時は、SNSなど複製におすすめのアプリがピックアップされる。複製したいアプリのみにチェックし、「Parallel Spaceに追加」をタップ。

2 複製したアプリを
起動する

複製したアプリはこの画面から起動し、別アカウントでログインできる。アプリによっては「Parallel Space - 64Bit Support」のインストールも必要。

3 その他のアプリを
追加する

複製アプリの管理画面で「アプリケーションを追加する」をタップすると、インストール済みの他のアプリも、選択して複製できる。

159 ［バッテリー］ バッテリーを長持ちさせる機能を利用する

ワンタップで省電力モードに切り替え

スマートフォンの悩みの種といえばバッテリー問題だが、Android端末には、バッテリーを大幅に長持ちさせる機能が用意されている。機種によって設定項目は異なるが、「設定」→「電池」や「バッテリー」で、省電力モードを有効にしてみよう。処理速度を制限したり、バックグラウンド通信を制限したり、画面の明るさや解像度を下げるといった変更が自動的に行われ、バッテリー消費を抑えてくれる。また、災害など緊急時のために、必要最低限の機能だけで動作するモードに変更できる機種もある。

1 AQUOS R3の省電力モード

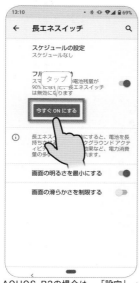

AQUOS R3の場合は、「設定」→「電池」→「長エネスイッチ」で「今すぐONにする」をタップすれば、明るさやCPU動作、Wi-Fiなどの機能が制限されバッテリーを節約できる。

2 Xperia 1の省電力モード

Xperia 1の場合は、「設定」→「バッテリー」→「STAMINAモード」で機能を有効にできる。STAMINAモードを自動で有効にする電池残量なども設定可能だ。

3 緊急省電力モードでさらに節約

緊急災害時は、「緊急省電力モード」をオンにしよう。再起動後に必要最低限の機能のみが表示され、待受状態を長持ちさせることができる

160 ［画面設定］ 一時的に画面のタッチ操作を無効にする

起動中のアプリの画面を表示したまま、タッチパネルの操作を無効化してくれるアプリ。マップや位置情報ゲームなどの画面を表示したままでも、誤操作することなく安心してポケットに入れられる。近接センサーでの自動ロックなど細かな設定も可能だ。

APP
画面そのままロック
作者／Team Obake Biz
価格／無料

ロックしたいアプリの画面を表示した状態で、通知パネルから「画面そのままロックを開始」をタップ

表示中の画面でロックされ、画面内をタップしても操作できなくなる。解除方法は音量キーやカメラキーを押すなど、複数の手段を設定できる

161 ［アプリ］ 削除できないプリインストールアプリを非表示

Playストアからインストールしたアプリは、ホーム画面などでアンインストールすることが可能だが、最初からプリインストールされているアプリの一部は、削除できないことがある。そんな削除できないアプリに限って、普段使わないことも多い。アプリ管理画面を整理するためにもアイコンの数を減らしたい場合は、「設定」→「アプリと通知」でアプリを選び、「無効にする」をタップしよう。アンインストールはできないが、これで機能は無効になりアプリ管理画面でも非表示になる。

「設定」→「アプリと通知」でアプリを選んで「無効にする」をタップ。これでアプリ管理画面から消えているはずだ。なお、この方法で無効化できないアプリもある

無効化したアプリは、「設定」→「アプリと通知」の「無効になっているアプリ」リストに表示される。アプリ名をタップし、続けて「有効にする」をタップすれば、再度アプリ管理画面に表示される

162 画面を目にやさしい表示にする

スクリーン

機種によっては、眼に負担がかかると言われているブルーライトをカットし、画面を黄色みがかった暖色系の表示にする機能が標準で用意されている。「設定」→「画面」や「ディスプレイ」に項目が用意されているので、一度チェックしてみよう。ブルーライトカット機能を自動で有効にする時間帯を指定したり、画面の色味を調整することもできる。また、通知パネルからワンタップでオン／オフできる場合もある。液晶のギラギラした光が苦手な人や、就寝前にSNSや電子書籍を利用するユーザーは、試してみよう。

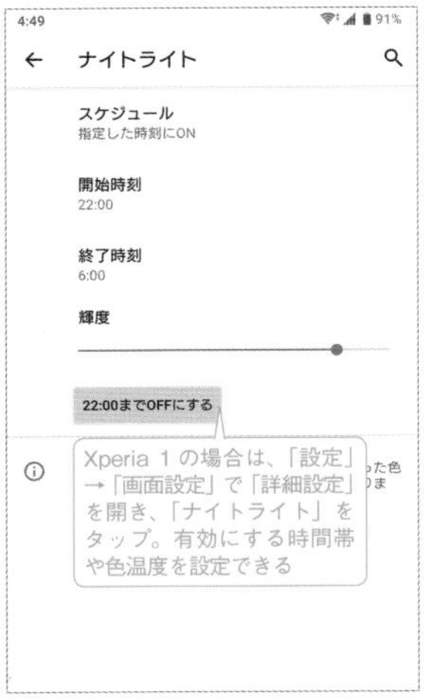
4:49
91%
ナイトライト
スケジュール
指定した時刻にON
開始時刻
22:00
終了時刻
6:00
輝度
22:00までOFFにする
Xperia 1 の場合は、「設定」→「画面設定」で「詳細設定」を開き、「ナイトライト」をタップ。有効にする時間帯や色温度を設定できる

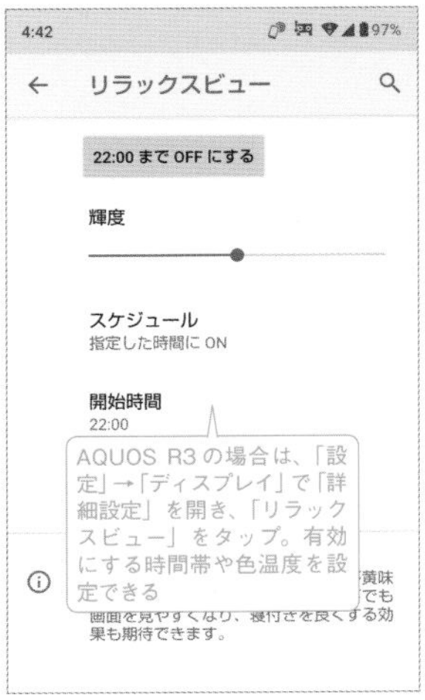
4:42
97%
リラックスビュー
22:00 まで OFF にする
輝度
スケジュール
指定した時間に ON
開始時間
22:00
AQUOS R3 の場合は、「設定」→「ディスプレイ」で「詳細設定」を開き、「リラックスビュー」をタップ。有効にする時間帯や色温度を設定できる

163 画面の縦横表示をアプリごとに設定する

画面回転

動画再生やゲーム画面なども、強制的に自動／縦向き／横向きに変更できる回転制御アプリ。アプリごとに個別に画面の向きを設定することが可能だ。7日間の試用期間を過ぎて継続利用するには、ライセンス版（330円）を購入する必要がある。

APP

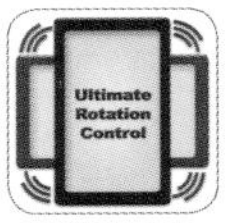
Ultimate Rotation Control

最高のローテーション制御
作者／FaMe IT
価格／無料

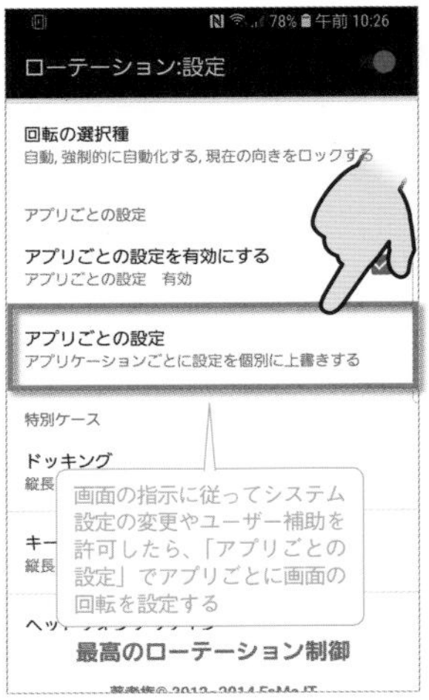
78% 午前 10:26
ローテーション:設定
回転の選択種
自動, 強制的に自動化する, 現在の向きをロックする
アプリごとの設定
アプリごとの設定を有効にする
アプリごとの設定　有効
アプリごとの設定
アプリケーションごとに設定を個別に上書きする
特別ケース
ドッキング
画面の指示に従ってシステム設定の変更やユーザー補助を許可したら、「アプリごとの設定」でアプリごとに画面の回転を設定する
最高のローテーション制御

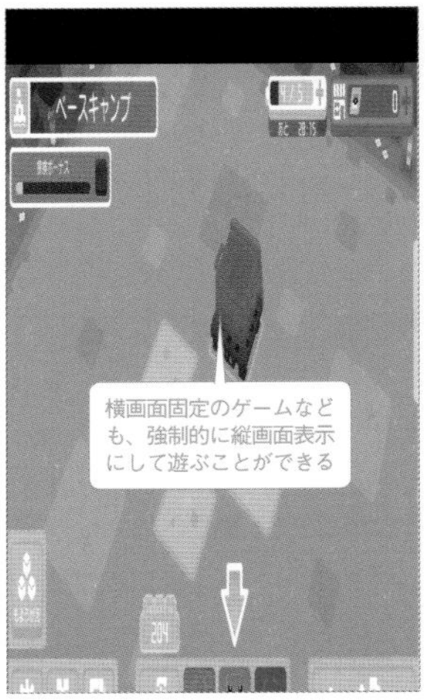
ベースキャンプ
横画面固定のゲームなども、強制的に縦画面表示にして遊ぶことができる

164 ホームキータップ時に表示される画面を変更

ホーム画面

ホーム画面は左右にスワイプして複数のページを切り替えできるが、ホームキーを押すと、必ず同じ画面に戻るようになっている。一部の機種では、このホームキーで戻るメイン画面を自由に変更可能だ。まず、ホーム画面の空いたスペースをロングタップし、編集モードに移行しよう。ホーム画面上部の家のマークのボタンをタップしてオンにすれば、そのページがメインのホーム画面となる。また、編集モードで端までスワイプすると表示される「＋」をタップすれば、新しいホーム画面を追加できる。

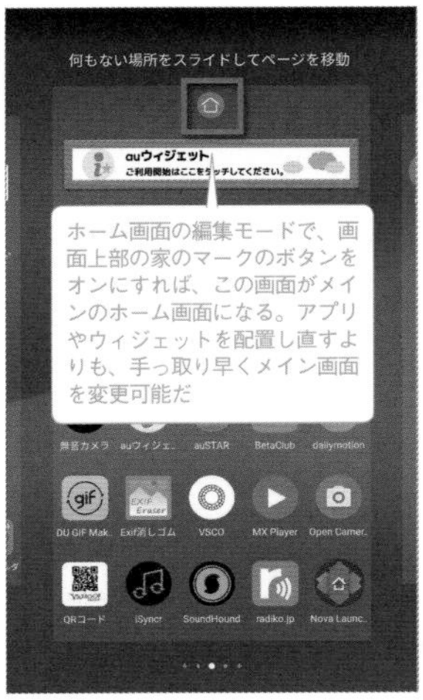
何もない場所をスライドしてページを移動
auウィジェット
ホーム画面の編集モードで、画面上部の家のマークのボタンをオンにすれば、この画面がメインのホーム画面になる。アプリやウィジェットを配置し直すよりも、手っ取り早くメイン画面を変更可能だ

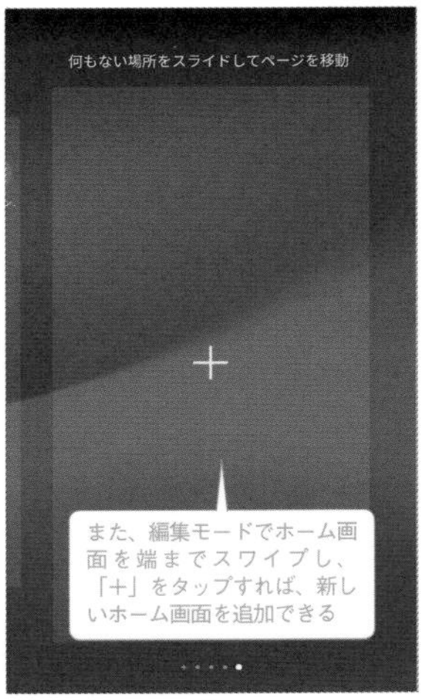
何もない場所をスライドしてページを移動
+
また、編集モードでホーム画面を端までスワイプし、「＋」をタップすれば、新しいホーム画面を追加できる

165 ホームキーのロングタップを無効にする

ホームキー

ホームキーをロングタップすると、標準ではGoogleアシスタントが起動するようになっている。ホームキーのロングタップで起動するアプリは、「設定」→「アプリと通知」→「デフォルトアプリ」→「アシストアプリ」などで変更できるが、ホームキーは触れる機会が多いので、意図せずロングタップになってアプリが起動してしまい、ストレスを感じることがある。特に必要なければ、「なし」に設定しておくのがおすすめだ。ホームキーをロングタップしても、何も起動しなくなる。

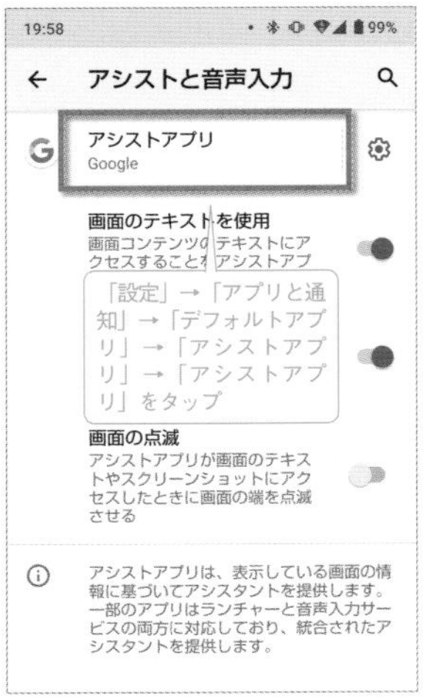
19:58
99%
アシストと音声入力
アシストアプリ
Google
画面のテキストを使用
画面の点滅
アシストアプリが画面のテキストやスクリーンショットにアクセスしたときに画面の端を点滅させる
「設定」→「アプリと通知」→「デフォルトアプリ」→「アシストアプリ」をタップ
アシストアプリは、表示している画面の情報に基づいてアシスタントを提供します。一部のアプリはランチャーと音声入力サービスの両方に対応しており、統合されたアシスタントを提供します。

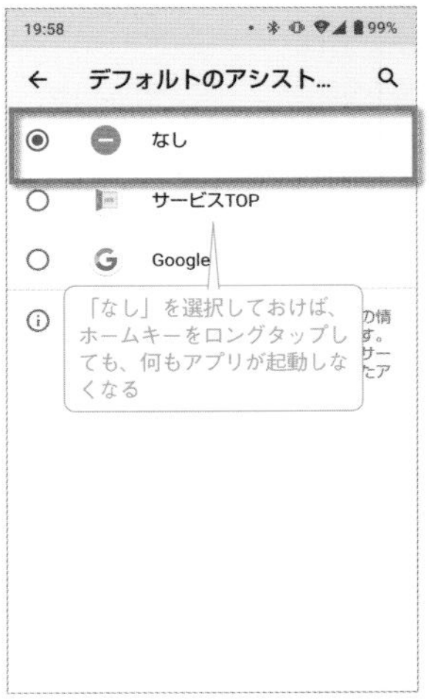
19:58
99%
デフォルトのアシスト...
なし
サービスTOP
Google
「なし」を選択しておけば、ホームキーをロングタップしても、何もアプリが起動しなくなる

マスト！ 166 ランチャー よく使うアプリをスマートに呼び出す高機能ランチャー

アプリやトグルスイッチをすばやく起動できる

例えばChromeでWebサイトを見ている時に、すぐに翻訳アプリや電卓を使いたい、またはさっきのアプリに戻りたい、といった場合がある。通常は一度ホーム画面に戻ってからアプリを探して起動するか、バックグラウンドで起動中のアプリなら最近使用したアプリの履歴から起動することになるが、この操作はちょっと面倒でもある。そこでオススメしたいのが、ランチャーアプリの活用だ。

利用するアプリの数がとにかく多い人は、「LaunchBoard」がおすすめだ。アプリでキーボードを表示させて何かキーを押すと、その頭文字のアプリが一覧表示され、素早く起動できる。日本語アプリはすべて「#」キーにまとめられるのが難点だが、よく使うアプリはお気に入り登録しておける。ランチャーをより自由にカスタマイズしたいなら、「Meteor Swipe」を使おう。トリガー位置やアイコンのサイズと間隔、背景テーマなどを自分好みに編集できるほか、アイコンパックも利用できる。

APP

LaunchBoard
作者／Appthrob
価格／無料

APP

Meteor Swipe
作者／Francisco Barroso
価格／無料

>>> 頭文字をタップしてアプリを探せる「LaunchBoard」

1 アプリアイコンをドックに配置する

アプリをインストールしたら、アプリアイコンを下部のドックに配置しておくのがおすすめだ。これをタップしてキーボードを表示させよう。

2 アプリの頭文字を入力する

表示されるキーボードで、起動したいアプリの頭文字をタップしよう。その頭文字のアプリが一覧表示され、素早く起動できる。

3 よく使うアプリはお気に入りに登録

検索結果のアプリをロングタップし、「Add to favorites」でお気に入りに登録しておくと、キーボード上部に最初から表示されるようになる。

>>> 画面端のバーから引き出す「Meteor Swipe」

1 Meteor Swipeを有効にする

「パネル」タブのスイッチをオンにし、ユーザー補助を許可すると機能が有効になる。続けて、左側のパネルに表示されている鉛筆ボタンをタップ。

2 パネルに登録するアプリや機能を選択

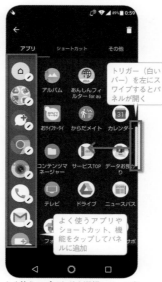

よく使うアプリなどを選択して、パネルに追加していこう。右端の白いバーを左にスワイプすると、パネルが引き出されすぐに起動できる。

3 パネルは自由にカスタマイズできる

「設定」タブで、パネルを2列にしたりアイコンサイズを変更できるほか、トリガーの位置を変えたり、テーマを変更することもできる。

167 画面をワンタップでオフにする

画面設定

アイコンをタップするだけで即座に画面をスリープできるアプリ。机などに置いたままで素早くロックでき、生体認証によるロック解除にも対応している。OSのバージョンによっては、画面を真っ暗にして約5秒後に自動ロックされるのを待つ必要がある。

Phon Lock OFF+
作者／stanwu.org
価格／無料

初回起動時に「Accessibility Mode」を選択して設定を済ませると、アイコンをタップして即座に画面がロックされる。うまく動作しない場合は、5秒後にロックされる「Legacy Mode」の方を選ぼう

あとはホーム画面上のアイコンをタップするだけで、即座に画面がロックされる。「Legacy Mode」で設定した場合は、画面が消えて約5秒後に自動ロックされる。ロックされたあとは、普通に生体認証で解除できる

168 今日の日付と曜日をステータスバーへ表示

ステータスバー

ホーム画面にカレンダーを表示するウィジェットは数多くあるが、アプリの使用中に日付などを確認できないのが難点。この「日付と曜日」を使えば、日付と曜日を、画面の邪魔にならないシンプルなデザインでステータスバー上に表示しておける。

日付と曜日（ステータスバーに表示）
作者／WEST-HINO
価格／無料

アプリを起動して「このアプリを有効化」をオンにしよう。六曜の表示なども必要に応じてチェック

ステータスバーの左上に、日付と曜日が表示されるようになる。設定で土曜の色を青字、日・祝日の色を赤字で表示できる

169 **マルチタスク** 画面上に小型ウィンドウでアプリやツールを表示

アプリを起動中に別のアプリで作業できる

ホーム画面やアプリ起動中の画面上に、Webブラウザや Twitter、テキストエディタ、YouTube、ビデオプレイヤー、カレンダー、電卓などのアプリをフローティングウィンドウで起動し、同時に利用できるアプリ。画面上に常駐するクイック起動アイコンから、いつでも利用できる。複数フローティングウィンドウの同時起動も可能だ。

Floating Apps Free
作者／LWi s.r.o.
価格／無料

1 クイック起動アイコンをタップ

クイック起動アイコンはドラッグして自由に移動できる

初回起動時に「今すぐ許可する！」をタップし、アクセス権を許可しよう。すると、画面上に「クイック起動アイコン」が常駐するので、これをタップ。

2 アプリを選択して起動する

タップして起動。元の画面に戻るには、画面右上の「×」をタップ

利用できるアプリ一覧が表示される。タップしてフローティングウィンドウで起動しよう。なお、フローティングウィンドウは複数起動可能だ。

3 フローティングウィンドウが起動

マップ上にYouTubeを起動。また、左上のボタンでメニューを表示し、ウィンドウの全画面化などを行える

フローティングウィンドウが起動した。ウィンドウ右下角をドラッグして、サイズの変更を行える。画面右上の「×」で終了する。

170 ジェスチャー 画面の端から多彩な操作を実行できるジェスチャーアプリ

タップやスワイプでさまざまな機能やアプリを実行

画面のエッジ（端）をタップしたりスワイプするといったジェスチャーに、アプリの起動や、ステータスバーを開く、ホームに戻るといった機能を割り当てできるアプリ。左右と下部のエッジにそれぞれジェスチャーを設定でき、エッジの長さや幅なども細かく調整することが可能だ。

APP
エッジジェスチャー
作者／ChYK the dev.
価格／199円

1 ユーザー補助の権限を許可する

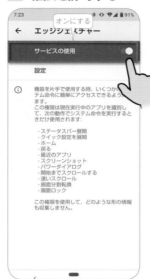

初回起動時は画面の指示に従って、設定で「エッジジェスチャー」のスイッチをいくつかオンにし許可しておこう。

2 ジェスチャーをタップする

左エッジ、右エッジ、下エッジそれぞれで、各種ジェスチャーの割り当てが可能だ。機能を変更したいジェスチャーをタップしよう。

3 ジェスチャーで実行する機能を選択

このジェスチャーに、アプリを起動したりステータスバーを開くといった機能を割り当てよう。「開始までスクロールする」を登録すれば、下に長いWebページを一気に上まで戻る際などに便利だ

---

171 設定 シーンに応じて設定を一括変更する

職場や自宅のシーンごとに複数設定を一発切り替え

シーンに応じた設定にワンタップで変更できるアプリ。あらかじめ「自宅」ではWi-Fiをオンにして着信音を大きくする、「職場」ではマナーモードにする、といった設定を登録しておく。あとは通知パネルやウィジェットから起動し、シーン名を選択すれば、そのシーンに割り当てた設定に一括変更される。

APP
シーンスイッチPro
作者／matchama
価格／100円

1 編集したいシーンを選択する

初期設定画面で「起動」をタップし、通知パネルから「シーンスイッチPro」をタップすると、シーン選択メニューが表示される。鉛筆ボタンをタップして編集したいシーンを選択しよう。

2 シーンに応じた設定を登録する

「表示」でアイコンやデザイン、「設定」でWi-FiやGPSなどの機能、「音と音量」で着信音や通知音の音量、「アプリ」でシーン切替時に起動するアプリを設定しておく。

3 シーン名をタップで設定を一括変更

あとは、通知パネルやウィジェットからメニューを開き、シーン名をタップするだけで、そのシーンに割り当てた設定に一括変更される

172 セキュリティ 自宅や特定の場所では ロックを無効にする

Smart Lock機能で 信頼できる場所 を登録しておく

Androidスマートフォンには特定の条件下で自動的に画面ロックを解除してくれる、「Smart Lock」という便利な機能が搭載されている。例えば、自宅や職場を信頼できる場所として指定しておけば、その場所にいる間は画面がロックされず、スワイプだけでホーム画面を開くことが可能になる。利用には画面ロックの設定が必要なので、あらかじめ「設定」→「セキュリティ」から、パターン／ロックNo.／パスワードなどで設定しておこう。また位置情報もオンにしておくこと。

1 「信頼できる場所」 をタップ

パターン／ロックNo.／パスワードなどで画面ロックを設定しておき、設定の「セキュリティ」→「Smart Lock」→「信頼できる場所」をタップ。

2 「信頼できる場所の 追加」をタップ

Googleアカウントに自宅住所を登録していれば、「自宅」をタップして登録できる。その他の場所は「信頼できる場所の追加」をタップして登録する。

3 場所を指定して 「この場所を選択」

マップ上から現在地や特定の場所を選択し、「この場所を選択」をタップで登録。以降、この場所に端末がある間は画面ロックが自動的に解除される。

173 カスタマイズ 本体の音量ボタンに 新たな機能を追加する

物理キーの 2回押しや長押し に機能を割り当て

「Button Mapper」を使えば、音量ボタンなどの物理キーに各種機能を割り当てることができる。例えば音量アップキーの2回押しで上にスクロールさせたり、音量ダウンキーの長押しにライトオン／オフを割り当てることが可能だ。電源ボタンや、画面上のナビゲーションバーなどには機能を割り当てできない。

Button Mapper
作者／flar2
価格／無料

1 ユーザー補助を 許可する

アプリを起動してチュートリアルを進めると、ユーザー補助の許可を求められるので、スイッチをオンにして許可しておこう。

2 機能を割り当てたい ボタンを選択

「音量ボタン」など、機能を割り当てるボタンを選択しよう。戻るボタンや履歴ボタンは、有料版が必要で、物理キー搭載機種のみ機能を変更できる。

3 ボタンに割り当 てる機能を選択

「カスタマイズ」をオンにすると、「2回押し」や「長押し」などの操作に機能を割り当てできるようになる。

174 自動化 よく行うが面倒な操作を自動化する

自動化の設定はテンプレートから選ぶだけでOK

指定した「条件」において、「トリガー」で設定した操作を行ったら「アクション」の動作を行う、という一連の流れを登録して自動実行できるアプリ。自宅や職場などでWi-Fiを自動的にオンにする、といった設定が可能だ。あらかじめ用意された項目から選択するだけで、設定も分かりやすい。

APP
MacroDroid
作者／ArloSoft
価格／無料

1 「マクロの追加」をタップする

自分で作成するなら「マクロを追加」をタップ。「テンプレート」ではよく利用されるマクロが公開されており、「+」で追加してすぐ利用できる。

2 トリガーとアクション、条件を設定

マクロ発動条件の「トリガー」、自動実行する「アクション」、マクロ実行のための「条件」を、項目の中から選択していき、名前を付けて保存する。

3 作成したマクロを管理する

下部メニューの「マクロ」をタップすると、作成したマクロを管理できる。スイッチでマクロのオンオフを切り替えたり、内容の編集などが可能だ。無料版は5つまで登録できる

---

175 セキュリティ 顔認識でロックを解除できるようにする

フロントカメラに顔を向けるだけでロックを解除できる

No.172でも解説している、特定の条件下で自動的に画面ロックを解除してくれる「Smart Lock」機能では、フロントカメラで自分の顔を認識させて画面ロックを解除することもできる。まず「設定」→「セキュリティ」で、あらかじめ画面ロックを設定しておく。続いて「Smart Lock」→「認識済みの顔」をタップし、画面の指示に従って顔認証を済ませよう。あとは、ロック画面でフロントカメラに顔を向ければ、鍵アイコンが解除済みのアイコンに変わり、すぐにロックを解除できるようになる。

1 「Smart Lock」→「認識済みの顔」をタップ

パターン／ロックNo.／パスワードなどで画面ロックを設定しておき、設定の「セキュリティ」→「Smart Lock」→「認識済みの顔」をタップ。

2 枠内に顔を合わせて認識させる

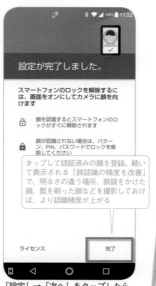

タップして認証済みの顔を登録。続いて表示される「顔認識の精度を改善」で、明るさの違う場所、眼鏡をかけた顔、髭を剃った顔などを撮影しておけば、より認識精度が上がる

「設定」→「次へ」をタップしたら、表示される円の中に顔が収まるようにしてしばらく待とう。認証済みの顔として追加されたら、「完了」をタップ。

3 メニューをタップして設定を確認する

ロック画面で、フロントカメラに向けて、認識させた角度・距離に顔を合わせる。鍵アイコンが解除済みのアイコンに変わる。これを上へスワイプすれば、パスワード入力不要でロック解除できる。カメラの撮影画面や顔写真などは表示されない

176 ファイル管理 ファイルを自在に操る ファイルマネージャを導入する

標準アプリより 使いやすい ファイル管理アプリ

Android向けのファイラーとしておすすめなのが、「ファイルマネージャー」だ。ファイルの移動やコピーはもちろん、圧縮／解凍、内蔵ビューアでの閲覧、主要なクラウドストレージへの接続、LANやFTP接続でパソコンとファイル共有、パソコンからスマートフォンへのリモート接続なども可能だ。

APP

ファイルマネージャー
作者／Flashlight + Clock
価格／無料

1 内部ストレージや SDカードにアクセス

「メインストレージ」で内部ストレージ、「SDカード」でSDカード内、ブラウザなどで保存したファイルには「ダウンロード」からアクセスできる。

2 複数のファイルや フォルダを操作する

ファイルやフォルダをロングタップすると選択状態になり、他のファイルをタップして複数選択できる。下部メニューでコピーや移動が可能だ。

3 クラウドサービスに 接続する

メイン画面で「クラウド」を開き「＋」をタップすると、Dropboxなど主要なクラウドストレージを追加してアクセスできる。

---

177 万が一の際、SIMカードが 悪用されないようロック

セキュリティ

スマートフォンの紛失時に怖いのは、端末内のデータ流出だけではない。SIMカードを抜き取られて他の端末で使われ、高額請求を受けるといった被害もあるのだ。そこで、「SIM PIN」を設定して、SIMカード自体にロックをかけておこう。SIMカードを別の端末に挿入しても、PINコードを入力しないと通話や通信が利用できなくなる。ただし、SIM PINの入力を3回連続して間違えるとロックされてしまい、PINロック解除コード（PUKコード）の入力やSIMカード交換が必要になるので、操作には十分注意しよう。

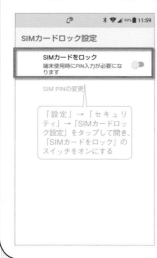

「設定」→「セキュリティ」→「SIMカードロック設定」をタップして開き、「SIMカードをロック」のスイッチをオンにする

キャリアの初期PIN（ドコモは「0000」、auは「1234」、ソフトバンクは「9999」）を入力する。SIM PINがオンになったら、続けて「SIM PINの変更」をタップし、4～8桁の好きなコードを入力しよう

---

178 重要なアプリを勝手に 使われないようロックする

セキュリティ

メールやSNSなど、他人に触られたくないアプリは「AppLock」でロックしておこう。使い方はマスターパスワードを設定し、ロックしたいアプリの錠前ボタンをタップするだけと簡単。アプリだけでなく各種機能などもロックできる。

APP

アプリロック AppLock
作者／DoMobile Lab
価格／無料

アプリを起動したら、まずはロックしたアプリを起動するためのパターンを設定しよう。アプリ起動後に「保護」タブでパターン入力をパスワード入力に変更できるほか、「指紋認証」をオンにすれば指紋認証でもロックを解除できる

起動をロックしたいアプリの錠前ボタンをオンにすると、そのアプリの起動時にパスワード入力が求められるようになる。初回設定時は、画面の指示に従い、本体設定の使用履歴へのアクセスを許可すること

生活
お役立ち技

日常のあらゆるシーンで活躍するスマートフォン。
絶対使いたいGoogleマップの便利機能から
ベストな乗換案内アプリや天気予報アプリ、
あると助かる生活ツールまで一挙に掲載。

マスト！ 179 マップ 使いこなすとかなり便利な マップの経路検索

2つの地点の 最短ルートと 所要時間がわかる

Googleの「マップ」アプリは、サイトなどに記載された住所を地図で確認したり、出かけた先の周辺地図を調べる際に大活躍するが、搭載されたさまざまな機能を使いこなせば、より一層手放せないアプリになるはずだ。特に「経路検索」機能は強力だ。指定した2つの地点を結ぶ最適なルートと距離、所要時間を自動車、公共交通機関、徒歩のそれぞれの移動手段別に割り出してくれる。例えば、旅行先での駅から名所までの徒歩でかかる時間や、自宅からの最適なドライブコースなど、これまで正確に調べることが難しかった情報を地図上にわかりやすく表示してくれる。また、乗換案内ツールとしても優秀で、最寄り駅がわからなくても、出発地と目的地を指定すれば、駅までの徒歩ルートと電車の乗り換えを合わせたベストなルートを表示してくれる。さらに、東京都内の対応エリアでは、タクシーの配車サービス「Uber」と連携し、所要時間や配車までの時間、おおまかな料金を確認できる。

マップは、Googleアカウントでログインすることで、より快適に利用できる。経路検索においても、検索履歴やロケーション履歴（No186で解説）から、素早く目的地を指定することが可能だ。通常は、PlayストアやGmailで使っているGoogleアカウントで自動的にログインした状態になっているので、特別な操作は必要ない。

›››ルートや所要時間を確認するための基本操作

1 経路検索モードに切り替える

画面右下にある「経路」ボタンをタップするか、検索結果の情報エリアの「経路」をタップ。これで、2地点間のルートを調べる経路検索モードに切り替わる。

2 出発地と目的地 移動手段を設定する

移動手段を自動車、公共交通機関、徒歩から選択し、出発地および目的地を入力する。出発地は、あらかじめ「現在地」が入力されているが、もちろん他の地名や住所、施設名に変更可能だ。

3 ルートと距離 所要時間が表示

今回は自動車を選んで検索を実行。最適なルートがカラーのラインで、別の候補がグレーのラインで表示される。画面下部に所要時間と距離も示される。また、上部のタブには各移動手段による所要時間も表示。タップしてそれぞれの経路に切り替えられる。

›››乗換案内やさまざまなオプション操作

1 乗換案内として利用する

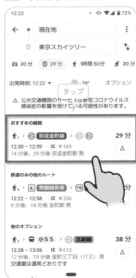

移動手段に公共交通機関を選べば、（検索内容にもよるが）複数の経路がリスト表示される。ひとつ選んでタップすれば、地図上のルートと詳細な乗換案内を表示。

2 詳細でわかりやすい 乗換案内画面

乗換案内では、出発地から目的地までの徒歩やバスも含めたそれぞれの所要時間はもちろん、乗車する電車の行き先、途中の停車駅なども確認できる。

3 経路検索で 経由地を追加する

自動車か徒歩の経路検索で出発地と目的地を入力した後、右上のオプションボタンをタップ。続けて「経由地を追加」をタップし、スポットや住所を入力しよう。経由地は複数指定可能。

マスト！ 180 [マップ] マップにコンビニやホテルなどのスポットをまとめて表示

周辺にあるお店や特定ジャンルの施設をキーワードで検索

今いる場所の周辺でコンビニや居酒屋、ホテルなどの特定施設を探したい時も、「マップ」アプリが力を発揮する。例えば、「ホテル」で検索すれば、地図上に赤いポイントでホテルの位置が表示される。指定した場所で調べたいなら、「京都駅 ホテル」のように「場所 スポット名」で検索すればよい。各スポットの住所や営業時間、電話番号などの情報はもちろん、飲食店などは料理の写真や口コミが投稿されていることも。また、現在地付近の主だったスポットをまとめてチェックできる機能もある。

1 スポット名を入力して検索開始

「コンビニ」や「ホテル」などで検索すると、該当スポットが赤いポイントで表示され、各スポット名と現在地からの距離、営業時間などがリスト表示される。

2 スポットの詳細な情報を確認する

スポットをひとつ選んでタップすると、住所や詳細な営業時間、電話番号などが表示。飲食店の場合は、料理の写真や口コミが投稿されている場合もある。

3 周辺のスポットをチェックする

下部メニューの「スポット」→「○○周辺のスポット」をタップすると、表示エリア周辺のレストランや観光スポットをチェックできる。

マスト！ 181 [マップ] 今いる場所や目的地をメールで正確に知らせよう

待ち合わせで使えるマップのテクニック

今いる場所や目的地、待ち合わせ場所を正確に伝えたい場合、相手がスマートフォンやタブレット、パソコンユーザーでGoogleマップを使えるのなら、「マップ」アプリで正確な位置情報を送信することが可能だ。相手に伝えたい検索したスポットや現在地、または任意の地点をロングタップし、情報画面の「共有」をタップする。メールやSNSなど、共有方法を選んで送信しよう。また、LINEで位置情報を簡単に伝える方法も紹介するので、合わせて覚えておこう。

1 知らせたい位置にピンをドロップする

知らせたい場所をロングタップして赤いピンをドロップ。続けて画面下部の「共有」をタップしよう。

2 共有メニューから手段を選んで送信

メニューで、Gmailやメッセージなどの共有手段を選択して送信。位置情報のリンクが送信され、相手がタップするとマップで正確な位置を確認できる。

3 LINEで位置情報を送信する

LINEで位置情報を伝える場合、メッセージ入力欄左の「+」をタップし、続けて「位置情報」をタップしよう。これで簡単に位置情報を送信できる。

マスト！ 182 [マップ]

マップで調べたスポットをブックマークしておく

後でもう一度確認できるように保存しておく

「マップ」アプリで検索したスポットは、お気に入りとして保存可能だ。旅行先で訪れたい場所やチェックしたショップ、仕事で巡回する訪問先などを保存しておけば、いつでも素早くマップで確認できる。保存するには、スポットの詳細情報画面で「保存」ボタンをタップし、リストを選ぶだけ。ボタンが「保存済み」に変われば、マップ上にハートやスターとして表示される。また、同じGoogleアカウントでログインすれば、他のデバイスで開いたGoogleマップ上でも保存スポットが反映される。

1 検索したスポットを保存する

タップして保存したいリストを選択。「＋新しいリスト」で新規リストも作成できる

住所やスポットで検索、もしくはマップ上をロングタップしてピンを立て、画面下に表示される地点名をタップする。詳細情報画面で「保存」をタップしよう。

2 保存したスポットを呼び出す

タップして新規リストも作成できる

下部メニューの「保存済み」をタップすると、保存済みのリストが一覧表示される。保存先リストからそれぞれのスポットを呼び出せる。

3 保存したスポットはフラグなどで表示

保存したスポットは、マップ上にフラグやスターで表示される。「保存済み」でリスト名右のオプションボタンをタップし「地図に表示しない」も選べる。

マスト！ 183 [マップ]

マップに自宅や職場の場所を登録しておく

日本国内はもちろん世界中の地図を確認できるマップアプリだが、日常的には自宅や職場周辺を調べたり、同じく自宅や職場を出発地や目的地とした経路検索を行うことが多いはず。そこで、自宅や職場の住所をあらかじめ登録しておけば使い勝手が大きく向上する。

下部メニューの「保存済み」をタップし、続けて「ラベル付き」をタップ。「自宅」および「職場」をタップして設定しよう。これで、地図上にアイコン表示され、経路検索時にはワンタップで自宅や職場を出発地／目的地に設定可能だ。

「保存済み」画面の「ラベル付き」タブで、「自宅」および「職場」をタップして住所を入力する。入力後表示される3つのドットのボタンをタップすると、入力した住所の編集や削除を行える

経路検索の入力画面に「自宅」「職場」の項目が表示され、タップするだけで出発地もしくは目的地に登録できる

---

184 [マップ]

インドアマップで建物内の地図もチェック

マップアプリには、施設の屋内図を表示する「インドアマップ」という機能がある。対応しているのは、全国の主要な空港や駅、主要都市の規模の大きい一部の商業施設のみだが、今後利用可能施設は追加されていく予定だ。インドアマップを利用するには、マップ上の対応建物をズームしていくだけでOK。フロアを切り替えて表示することもできる。屋内ではGPSを使えないケースも多いため、現在地のチェックは難しいが、トイレやエスカレーター、テナントの場所まで確認できる非常に便利な機能だ。

マップアプリでは、インドアマップ対応の建物にズームしていくだけでよい。左側のボタンでフロアの切替も可能だ

一部の施設では、建物内のストリートビューも利用できる。写真の羽田空港ターミナルなどは、フロアを切り替えて施設内を散策できる

マスト！

185 マップを片手操作で拡大縮小する

マップ

マップは、二本指でピンチイン・ピンチアウトすることでなめらかに拡大縮小操作を行うことができる。しかし、この操作は両手を使わないと難しい。ダブルタップで段階的に拡大することは可能だが、細かな調整ができない上に縮小も行えないのであまり役立たない。そこで片手でもスムーズにマップを拡大縮小する方法を紹介しよう。スマートフォンを片手で持ち、その持ち手の親指で画面をダブルタップ。そのまま指を離さず上下にスライドさせてみよう。上へ動かすと表示エリアが徐々に縮小、下へ動かすと徐々に拡大されるはずだ。細かい調整も問題ない。これで、片手でも自在にマップを操作できるようになる。画面の回転や角度の変更はできないが、外出先で片手がふさがっている場合には十分有効な手段だ。

そのまま親指を離さず上へスライドで縮小、下へスライドで拡大できる

186 日々の行動履歴を記録しマップで確認する

マップ

Googleマップには「タイムライン」という機能があり、移動した経路や訪れた場所を常時記録し、マップ上で確認することができる。特に操作を意識しなくても利用できる、便利なライフログ機能だ。タイムライン機能を利用するには、あらかじめマップアプリの「設定」からロケーション履歴をオンにしておこう。これで、常に位置情報がGoogle マップに記録されるようになるのだ。なお、タイムラインは本人以外に公開されない。また、訪れた場所は下部メニューの「保存済み」→「訪れた場所」でも確認できる。

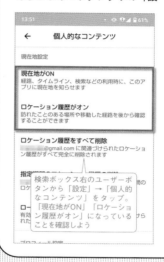

検索ボックス右のユーザーボタンから「設定」→「個人的なコンテンツ」をタップ。「現在地がON」「ロケーション履歴がオン」になっていることを確認しよう

ユーザーボタンから「タイムライン」を表示。過去に訪れた場所や経路がマップ上に表示される。上部の「今日」をタップすると日付を選択可能だ

187 他のユーザーとリアルタイムに現在地を共有

マップ

Googleマップユーザー同士なら、リアルタイムに位置情報を共有することができる。ユーザーボタンから「現在地の共有」をタップし、自分の位置情報を知らせたいユーザーをリストから選択するか、メッセージなどでリンクを送信すると、すぐに相手のGoogle マップ上に、自分の現在地が表示されるようになる。共有する期間を15分～3日間で指定することもできる。利用するには、「設定」→「Google」→「位置情報」→「Googleロケーション履歴」をオンにしておく必要がある。相手がiPhoneでもOKだ。

ユーザーボタンのメニューから「現在地の共有」をタップして共有したいユーザーを指定する。共有期間も設定できる

相手が通知をタップするとこのような画面になり、位置情報が共有される。この画面で「現在地の共有」をオンにすれば、双方向で現在地が共有される

188 普段使う経路の交通状況を確認する

マップ

Googleマップには、毎日の通勤をサポートする便利な機能も用意されている。まず下部メニューの「通勤」タブを開き、あらかじめ自宅・職場の場所と、毎日の通勤時間帯、さらに利用する交通機関を設定しておこう。一度設定を済ませれば、あとは「通勤」タブを開くだけで、現在地から自宅や職場へのルートを素早く表示できる。また車の場合は通常の交通量との比較や渋滞情報、公共交通機関の場合は遅延情報や次の発車時刻なども一覧表示されるので、交通状況を把握しつつ最適なルートを確認できる。

下部の「通勤」タブを開いて、あらかじめ自宅・職場の場所や、毎日の通勤時間帯、利用する交通機関を設定しておこう

「通勤」タブを開くだけで、自宅や職場までの経路を調べられるほか、渋滞情報や交通機関の乱れなども確認できる

189 指定した地点間の距離を測定する

マップ

Googleマップでは、マップ上の指定した地点間の直線距離を測定することができる。まず、マップ上をロングタップしピンを立て、画面下部に表示される地点名をタップ。詳細情報画面をスクロールし、下の方にある「距離を測定」をタップ。マップをスワイプすると、最初に指定した地点と画面中央部分までの距離が下部に表示される。画面右下の「+」をタップすると地点を追加できるので、建物や公園などの外周を測定することも可能だ。この機能は航空写真上でも利用できる。

マップ上をロングタップしピンを立て、画面下部に表示される地点名をタップ。詳細情報画面で「距離を測定」をタップ

スワイプして表示エリアを移動させて、ピンから画面中央の地点までの距離を測定する

190 地下のマップがわかりやすいYahoo! MAP

マップ

標準の Google マップが便利すぎて、他のマップアプリを入れる必要性はほとんど感じないが、地下に関しては「Yahoo! MAP」の方が優秀だ。地下街のあるエリアを拡大すると、出口や階段、店舗名やトイレの位置まで非常に分かりやすく表示される。

APP

Yahoo! MAP
作者／Yahoo Japan Corp.
価格／無料

地下街のあるエリアを拡大すると、左端に地下の階層が表示されるので、表示したい階をタップして選択しよう

このように、地下街の出口、階段、店、トイレの位置まで詳細に表示される。迷いやすい地下もこのアプリがあれば安心だ

マスト! 191 交通情報 柔軟な条件を迷わず設定できる最高の乗換案内アプリ

乗換案内、時刻表
運行情報などを
サクッと確認できる

日時や経由駅の指定など、検索条件を柔軟に設定でき、検索結果も早さや料金など優先項目を選んで並べ換えできる、使い勝手抜群の定番乗換検索アプリが「Yahoo!乗換案内」。検索結果の「1本前」や「1本後」の情報や発着ホーム、通過する全駅はもちろん、徒歩ルートの地図も表示でき、移動に関するすべてを完全サポートしてくれる。

APP

Yahoo!乗換案内
作者／Yahoo Japan Corp.
価格／無料

1 出発駅、到着駅経由駅を設定する

起動すると「乗換案内」画面になるので、出発駅と到着駅を入力して検索しよう。一度入力した駅名は履歴に残るので再入力も簡単。経由駅の指定や出発駅と到着駅の入れ替えも簡単だ。

2 検索結果が表示される

検索結果が一覧表示される。時間順、回数順（乗換回数）、料金順のタブで検索結果を並べ替えることができる。また、「1本前」「1本後」の電車もすぐに確認可能だ。

3 検索結果からルートを表示

検索結果一覧からひとつを選んでタップすると、詳細なルートが表示される。駅間の「○駅」をタップすると、通過駅もすべて確認できる。

192 Yahoo!乗換案内の スクショ機能を活用する

乗換案内アプリの検索結果を友だちに伝えたい時は、スクリーンショットで撮影して、画像で送っている人も多いだろう。しかしルートの内容が長いと1画面に収まりきらず、複数のスクリーンショットを送る手間がかかってしまう。そこでおすすめなのが、

No191で紹介した定番の乗換案内アプリ「Yahoo!乗換案内」だ。このアプリなら、標準で「スクショ」機能を備えており、画面に収まりきらないルートも、1枚の画像として保存して、相手に送ることができる。意外と気付きにくい機能なので、ぜひ覚えておこう。

「Yahoo!乗換案内」で検索し、友だちに伝えたいルートを表示させたら、上部にある「スクショ」ボタンをタップしよう

このように、表示しているルート内容が1枚の画像として保存される。LINEでそのまま共有することも可能だ

193 混雑や遅延を避けて 乗換検索する

特に首都圏の電車では、事故や点検によって遅れが発生したり、イベント開催で大混雑するといった事態が日常茶飯事だが、できればうまく避けて別の路線やバスで迂回したいところ。そんな時にも、No191で紹介した「Yahoo!乗換案内」アプリが便利だ。路線の運

行情報をいち早くチェックできるだけでなく、遅延や運休時に迂回路をすばやく再検索することができる。また、路線が混雑するかどうかが分かる「異常混雑予報」という機能も搭載しており、混みそうな路線をあらかじめ避けて検索することが可能だ。

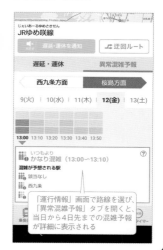

検索結果に遅延や運休がある時は、上部に「迂回路」と表示されるので、これをタップ。回避対象の路線にチェックして、迂回路を検索できる

「運行情報」画面で路線を選び、「異常混雑予報」タブを開くと、当日から4日先までの混雑予報が詳細に表示される

194 スマートフォンを カーナビとして利用

JARTIC交通情報による渋滞や規制情報のリアルタイム表示、回避ルートの案内、分岐やレーンのイラスト拡大表示、履歴やジャンルなどからの目的地設定、ルートの高速／一般優先など、市販のカーナビに匹敵する機能を完全無料で利用できるアプリ。

APP

Yahoo!カーナビ
作者／Yahoo Japan Corp.
価格／無料

目的地を入力し、「おすすめ」ルートを選択。「高速優先」「一般優先」からルートを選択。「ナビ開始」をタップしよう。経由地も指定できる。渋滞情報を表示したい場合は、右上の「交通情報」をタップ

3D表示はもちろん、分岐イラストや交差点でのレーン情報など、多彩なビジュアル表現でわかりやすくナビゲートしてくれる。空き駐車場の検索機能も便利

195 通信量節約にもなるオフ ラインマップを活用する

Googleマップは、オフラインでも地図を表示できる「オフラインマップ」機能を備えている。あらかじめ指定した範囲の地図データを、端末内にダウンロード保存しておくことで、圏外や機内モードの状態でもGoogleマップを利用することが可能だ。オンライン

時と同じように地図を表示でき、スポット検索やルート検索（自動車のみ）、さらにナビ機能なども利用できる。特に電波の届きにくい山の中や離島に行くことがあれば、その範囲をダウンロードしておくと便利だ。海外の多くの地域でも使える。

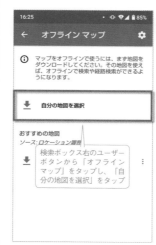

検索ボックス右のユーザーボタンから「オフラインマップ」をタップし、「自分の地図を選択」をタップ

ダウンロードしたいエリアを枠内に入れて「ダウンロード」をタップしよう。ダウンロードするにはWi-Fi接続が必要。またファイルサイズも大きいので、空き容量に注意しよう

196
電子マネー

SuicaなどICカードの残高や利用履歴を表示

SuicaやPASMO、楽天Edyなどの ICカードをスマートフォンのNFC機能で読み取り、利用履歴や残高を確認できるアプリ。おサイフケータイを使わない、ICカード派のユーザー必携だ。NFCをオンにして、本体背面にカードをかざすだけでOKだ。

APP
Suica Reader
作者／yanzm
価格／無料

「設定」の「接続済みの端末」などにある「NFC／おサイフケータイ設定」→「Reader／Writer, P2P」でスイッチをオンにしてNFCを有効にし、ICカードを本体背面にかざす。自動的にスキャンされ、利用履歴や残高が表示される

表示された利用履歴、残高などのデータは、画面右上の「保存」をタップして、「履歴」に保存できる。「設定」を開き、「読み取り時に自動で履歴に追加」をオンにすることもできる

197
旅行情報

お得な格安航空券を検索する

国内・国際線の格安航空券を比較検討できるアプリ。出発地と目的地、出発と復路の日付を選択して「検索」をタップ。往復のセット価格が安い順に一覧表示されるので、航空会社や出発・到着時刻などと合わせて検討しよう。ホテルやレンタカーの予約も可能だ。

APP
**Skyscanner
格安航空券検索**
作者／Skyscanner Ltd
価格／無料

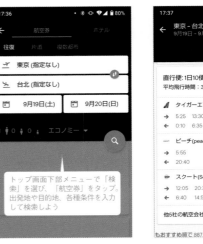 

トップ画面下部メニューで「検索」を選び、「航空券」をタップ。出発地や目的地、各種条件を入力して検索しよう

条件に合った航空券が、往復セット料金の安い順に一覧表示される。LCCだけではなく、通常の航空会社も含まれる。「並べ替え＆絞り込み」も行える

198
天気

現在地や指定の場所の天気をスムーズにチェック

必要な情報を確認しやすい定番アプリ

設定地域の今日と明日の天気予報、最高／最低気温、降水確率、週間天気予報を1画面で確認できる実用性の高い天気予報アプリ。1時間ごとの気温や降水確率もすぐにチェックできる。複数の地域を登録でき、ゲリラ豪雨回避に必須の雨雲ズームレーダーや、ウィジェット、天気予報の通知など、役立つ機能を多数搭載した決定版アプリだ。

APP
Yahoo!天気
作者／Yahoo Japan Corp.
価格／無料

1 天気表示画面はとても見やすい

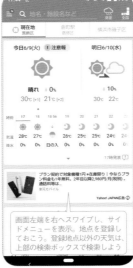

画面左端を右へワイプし、サイドメニューを表示。地点を登録しておこう。登録地点以外の天気は、上部の検索ボックスで検索しよう

天気表示画面には、今日と明日の天気および降水確率と最高気温、最低気温が表示される。同じ画面で週間天気予報も確認できるのでとても便利。

2 雨雲ズームレーダーを利用する

しっかりチェックすればゲリラ豪雨を回避したり、傘が必要かどうか判断できる。また、「雨雪」や「積雪」も確認可能だ

画面右上の雲のマークをタップすると、雨雲の動きをリアルタイムに確認できる「雨雲ズームレーダー」を表示。左下の再生ボタンをタップして、今後の動向をシミュレーション可能。

3 通知パネルで天気を確認する

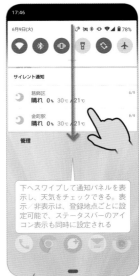

下へワイプして通知パネルを表示し、天気をチェックできる。表示／非表示は、登録地点ごとに設定可能で、ステータスバーのアイコン表示も同時に設定される

サイドメニューの「アプリの設定」→「通知バー設定」でチェックボックスにチェックを入れると、ステータスバーおよび通知パネルの天気表示を利用できる。

マスト!
199
防災

さまざまな災害情報を
プッシュ通知する

事前に設定した地域（最大3件）と現在地の地震や津波、豪雨、気象警報など、さまざまな災害の速報や予報をプッシュ通知してくれるアプリ。自宅や会社、実家などの住所を登録しておこう。「震度3以上」「20mm/h以上」といった通知条件も設定できる。

APP
防災速報
作者／Yahoo Japan Corp.
価格／無料

初回起動時に地域の設定を行わなかった場合は、トップ画面右下の設定ボタンをタップして地域を設定しよう。最大3件設定することができる

受信できる予報、速報、警報は、地震や津波、豪雨、土砂災害、火山、熱中症など12種類。個別に通知をオフにしたり、通知条件を設定することもできる

200
番組表

便利機能搭載で
見やすいテレビ番組表

地デジ、BS、スカパー!などの8日分の番組表をチェックできるアプリ。スクロールもスムーズで、主要番組は番組表内にサムネイル画像が表示されるのもわかりやすい。注目番組ランキングや出演者名などによるキーワード検索、放送開始15分前の通知機能も便利。

APP
Gガイド テレビ番組表
作者／IPG Inc.
価格／無料

番組表はピンチアウト／インで拡大縮小できる。画面上部で日にちと、地デジやBS、スカパー!を切り替え。「前日」「翌日」ボタンも便利

下部メニューの「検索」をタップすれば、番組のキーワード検索を行える。また、「リマインダー」→「新規追加」で、登録番組開始15分前に通知してくれる

201
グルメ

食べログのランキングを
無料でチェックする

定番のグルメサイト「食べログ」では、エリアとジャンルを設定してランキングを表示することが可能だ。評価の高い順にお店をチェックできる便利な機能だが、アプリ版では5位までしか表示されず、完全版を見るには月額400円（税抜）のプレミアムサービスに登録する必要がある。ところが、Webのデスクトップ版で表示すると、このランキングを無料ですべて見ることができるのだ。Chromeで食べログにアクセスし、オプションメニューから「PC版サイト」を選択して完全版のランキングをチェックしよう。

Chromeで食べログにアクセス。アプリが起動してしまう場合は、食べログのリンクをロングタップし「開く」を選択するか、設定で食べログアプリの「デフォルトで開く」を解除すればよい。アクセスしたらオプションメニューから「PC版サイト」を選択

PC版サイトでお店を検索し、「ランキング」タブをタップすると、完全版のランキングを無料でチェックすることができる

202
レシピ

365日献立に困らない
人気レシピアプリ

毎日の献立に苦労している人にとって救いの神ともいえる超人気レシピサイト「クックパッド」のアプリ。人気の献立、季節のメニュー、食材から献立を検索できるなど、もうメニューに悩むことはないだろう。自分のオリジナルメニューを投稿することもできる。

APP
クックパッド
作者／Cookpad Inc.
価格／無料

料理名や食材名によるキーワード検索やカテゴリでレシピを検索しよう。各レシピには、材料と分量、写真付きの作り方手順、コツ・ポイントなどが記載されている

無料のユーザー登録を行いログインすれば、レシピの保存や「つくれぽ」（レシピを基にユーザーが調理したことを報告するレポート）の投稿を行える

マスト！ 203 翻訳

さまざまな言語、入力方法に対応する翻訳ツール

海外旅行にも役立つGoogle製の万能翻訳ツール

テキスト入力はもちろん、音声入力やカメラによる文字の撮影、手書き入力にも対応した「Google翻訳」アプリ。言語のデータをダウンロードしておけば、オフラインでの翻訳にも対応し、海外旅行で助かるはずだ。また、外国人との会話時に、交互に翻訳機能を利用できる「会話」モードも秀逸。

APP
Google翻訳
作者／Google LLC
価格／無料

1 さまざまな入力方法を利用できる

画面上部で原文と訳文の言語を設定する

テキストボックスに入力すると、下に訳文が表示される。テキストボックス内の鉛筆ボタンで手書き入力、マイクボタンで音声入力が可能だ。

2 交互に翻訳できる「会話」モード

このボタンをタップすれば、音声で出力することもできる

「会話」をタップすれば、それぞれの言語で交互に喋って翻訳を表示し、スムーズに会話できる。スピーカーから音声を出力することも可能。

3 タップして翻訳機能を使う

各種アプリ上でテキストをコピーすると、Google翻訳のボタンが表示されるのでタップしよう

翻訳結果が表示される

設定で「タップして翻訳」機能を有効にすると、メールやLINEなどさまざまなアプリ上でテキストをコピーした際、Google翻訳のボタンが表示される。タップしてすぐに翻訳結果を表示可能だ。

---

204 電子書籍

電子書籍の重要な文章を保存する

Kindleのハイライト機能を使いこなそう

Amazonの電子書籍を読める「Kindle」アプリなら、あとで読み返したい文章に蛍光ラインを引いて、簡単にハイライトしておける。ハイライトした箇所はまとめて表示できるほか、4色のカラーで色分けして、それぞれのカラーで絞り込み表示したり、より重要な文章にはスターを付けることも可能だ。

APP
Kindle
作者／Amazon Mobile LLC
価格／無料

1 文章をロングタップしてカラーを選ぶ

タップ

ロングタップでハイライトしたい文章を選択すると、ポップアップメニューが表示されるので、塗りたい色を4色から選んでタップしよう。

2 マイノートを開いてハイライトを確認

タップ

ハイライトした文章をまとめて確認したいときは、画面内を一度タップしてメニューを表示させ、右上のマイノートボタンをタップしよう。

3 カラーやスターで絞り込みも可能

タップ

ハイライトした文章がまとめて表示される。右上のフィルターボタンをタップすれば、ハイライトの色や星付きなどの条件で、絞り込み表示することも可能だ。

205 名作文学を無料で楽しむ

電子書籍

著作権の切れた過去の文学作品をネット上で公開している「青空文庫」の作品を読むための電子書籍リーダー。1万を越える作品群の中から作家名、タイトル名などで作品を検索可能で、おすすめ作品や人気ランキングなどからも選ぶことができる。

APP

青空文庫ビューア Ad
作者／Toshihiro Yagi
価格／無料

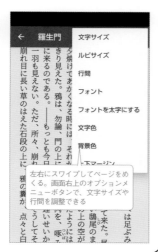

作家名や作品名で作品を探し、作品詳細画面で「よむ」をタップする

左右にスワイプしてページをめくる。画面右上のオプションメニューボタンで、文字サイズや行間を調整できる

206 スマートフォンで株価をチェックする

投資

株式投資を行っているユーザーにおすすめしたい「Yahoo!ファイナンス」。チェックしたい銘柄をポートフォリオに登録し、リアルタイムの株価を確認できる上、保有数と取得単価を入力すれば、損益も表示可能だ。なお、ポートフォリオの利用にはログインが必要。

APP

Yahoo!ファイナンス
作者／Yahoo Japan Corp.
価格／無料

コードや企業名で銘柄を検索し、「ポートフォリオ追加」ボタンでポートフォリオに登録。銘柄の情報画面には、高値や安値、出来高などが表示される

ポートフォリオ画面右上の「編集」→「銘柄の編集」で、保有銘柄の保有株数と購入価格を入力する。リアルタイムの時価、損益、前日比も表示される

207 預金もカードも自動で管理できる家計簿アプリ

資産管理

銀行口座やクレジットカード、証券口座、電子マネーなどの残高や利用履歴を自動取得し、家計簿として記録してくれる人気アプリ。日々の家計管理はもちろん、長期的な資産管理にも活躍してくれる。対応金融機関やサービスも非常に多岐にわたる。

APP

マネーフォワード
作者／Money Forward, Inc.
価格／無料

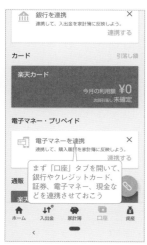
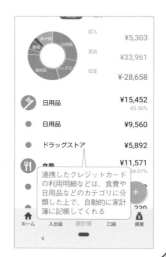

まず「口座」タブを開いて、銀行やクレジットカード、証券、電子マネー、現金などを連携させておこう

連携したクレジットカードの利用明細などは、食費や日用品などのカテゴリに分類した上で、自動的に家計簿に記帳してくれる

208 Tポイントもスマホを提示して取得する

ポイント

Tポイントは意外なお店でポイントが溜まってお得だが、おサイフケータイなどで決済していると、いちいち財布からカードを取り出すのが億劫だ。「Tポイント」アプリを入れておけば、スマホで決済しつつモバイルTカードの提示もまとめて行える。

APP

Tポイント
作者／Culture Convenience Club Co.,Ltd.
価格／無料

電話番号などで本人確認を済ませると、下部中央のボタンでモバイルTカードを表示できる。お店で使う場合はこのバーコードを見せる

「マイページ」を開くと、Tポイント履歴、期間固定Tポイント、Tマネー残高などを確認できる

209 宅配便の荷物が今 どこにあるか追跡する

荷物追跡

宅配便の伝票番号を入力するか、QRコードリーダーアプリでバーコードを読み取って運送会社を指定すれば、荷物の発送状況を確認できるアプリ。国内外の19社に対応しており、一度確認した番号を保存できるため、再照会も簡単に行える。

APP

配達追跡
作者／Ideatec Team
価格／無料

「新規追跡登録」を選んでから上部の検索ボックスをタップ。伝票番号を入力する。照会用にタイトルを付けることができるが、必要なければ「次へ」をタップする

運送会社の荷物追跡サービスが表示される。必要に応じて再配達の手配などを行おう

---

210 イヤホンだけに鳴らすことができるアラームアプリ

アラーム

「新幹線で乗り過ごさないか心配」「図書館から出発する時間を知らせて欲しい」といった時に便利なのが、イヤホンだけにサウンドを鳴らしてくれるアラームアプリ。繰り返しやスヌーズ、マナーモード時の挙動なども細かく設定できる便利なアプリだ。

APP

スマートアラーム 無料版
作者／TanyuSoft
価格／無料

「＋アラームの追加」をタップして時刻を設定。続けてアラーム音やスヌーズなどを設定し、「完了」をタップする

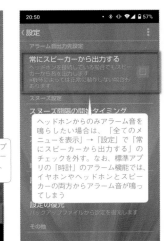

ヘッドホンからのみアラーム音を鳴らしたい場合は、「全てのメニューを表示」→「設定」で「常にスピーカーから出力する」のチェックを外す。なお、標準アプリの「時計」のアラーム機能では、イヤホンやヘッドホンとスピーカーの両方からアラーム音が鳴ってしまう

---

211 全国の郵便番号を 簡単に調べる

郵便

住所から郵便番号を調べたり、郵便番号から住所を調べたい時は、日本郵便の公式アプリを利用しよう。都道府県から住所を選んでいくか、フリーワードで郵便番号を検索できる。また、料金検索や荷物の追跡、郵便局やATMの検索も行える。

APP

日本郵便
作者／日本郵便株式会社
価格／無料

「郵便番号を調べる」をタップ。都道府県→市区町村と選択していくか、「キーワード」で検索することができる。表示された郵便番号は、画面下部のボタンでクリップボードにコピーしたり、お気に入りに登録できる

同じく郵便番号検索画面で「〒郵便番号」をタップ。郵便番号から住所を検索できる。頭の3桁から該当地域を表示し、絞り込んでいくことも可能だ

---

212 さまざまな単位を 即座に変換する

単位変換

長さ（距離）、面積、重量（質量）、体積（容積）をはじめ、各国通貨や圧力、力、仕事（エネルギー）、仕事率などさまざまな単位を変換できるアプリ。「50メートルは何ヤード？」「10坪は何平方メートル？」「300ユーロは何円？」といった問いもすぐに解決する。

APP

単位換算
作者／Smart Tools co.
価格／無料

変換元の単位をプルダウンで選んで数値を入力すれば、その他単位での数値がすぐに一覧表示される

最新レートを反映した通貨変換も行える。標準では主要通貨しか選択できないが、画面左上のメニューボタン（三本線のボタン）をタップし、続けて「設定」→「通貨地域」をタップすることで変換通貨を追加、変更できる

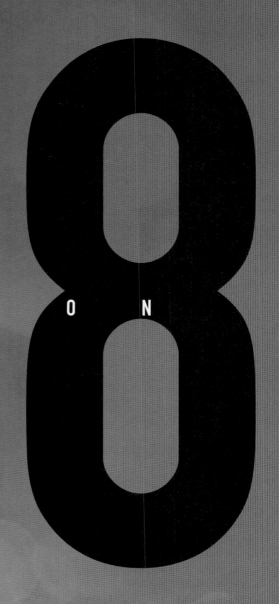

トラブル
解決と
メンテナンス

スマートフォンで起こりがちなさまざまなトラブルは、
対処法さえ覚えておけばそれほど怖くない。転ばぬ
先のメンテナンス法と合わせて、よくあるトラブルの
解決法をまとめて掲載。しっかり把握しておこう。

213 フリーズ スマートフォンがフリーズして しまった場合の対処法

**不調なアプリを
終了するか、
本体を再起動しよう**

スマートフォンを操作していると、まれに画面をタップしても何も反応しない「フリーズ」状態になることがある。そんな時は、まずホームキーを押してみよう。ホーム画面に戻るなら、アプリ単体の問題だ。最近使用したアプリキーを押して、最近使用したアプリの一覧から動作中のアプリを終了させるか、または一度削除して再インストールしよう。削除できないアプリは、設定から強制終了や無効化が可能だ。

ホーム画面に戻れないなら、端末全体の問題。この場合は、一度本体を再起動するのが基本だ。機種によって手順は異なるが、電源キー、または電源キーと音量キーの上下どちらかを、数秒間押し続けると、強制的に電源を切ることができる。強制終了したら、再度電源キーを1秒以上押して、電源を入れ直そう。再起動後も調子が悪いなら、電源キーを1秒以上押して表示される「電源を切る」をロングタップするか、または、一度電源を切って、再起動中にメーカーのロゴが表示されたら音量キーの下を押し続けよう。画面の左下に「セーフモード」と表示され、工場出荷時に近い状態で起動する。この状態で、最近インストールしたものなど、不安定動作の要因になっていそうなアプリを削除しよう。

それでもまだ調子が悪いなら、No231の手順で端末の初期化を試してみよう。

>>> アプリのフリーズを解消する

1 起動中のアプリを完全終了する

ホームキーでホーム画面に戻れるなら、アプリ単体の問題。最近使用したアプリの一覧から、フリーズしたアプリや上や左右にスワイプで完全終了させよう。

2 アプリを再インストールする

ホーム画面またはアプリ画面で不調なアプリのアイコンをロングタップし、上部の「アンインストール」までドラッグすればアンインストールできる

再起動してもアプリの調子が悪いなら、一度アプリをアンインストールしてから、再インストールしてみよう。これで直る場合も多い。

3 アプリを強制終了／無効化する

タップして強制停止

削除できないアプリの調子が悪い場合は、「設定」→「アプリと通知」→「すべて表示」から該当アプリを選び、「強制停止」や「無効にする」をタップ。

>>> 本体のフリーズを解消する

1 強制的に電源を切って再起動

AQUOS R3の場合は、電源キーを8秒以上押し続ければよい

本体自体の調子が悪い場合は、電源キーか、または電源キーと音量キーの上下どちらかを、数秒間押し続けると、電源を強制的に切ることができる。

2 セーフモードで起動する

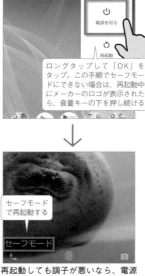

ロングタップして「OK」をタップ。この手順でセーフモードにできない場合は、再起動中にメーカーのロゴが表示されたら、音量キーの下を押し続ける

セーフモードで再起動する

再起動しても調子が悪いなら、電源キーを1秒以上押して表示される「電源を切る」をロングタップして「OK」をタップすると、セーフモードで起動できる。

3 セーフモード上でアプリを削除

セーフモードで起動したら、最近インストールしたアプリなどを削除してみよう。ホーム画面で削除できない場合は、「設定」→「アプリと通知」→「すべて表示」で行う。

214 セキュリティ ロック解除の方法を忘れてしまった場合の対処法

「デバイスを探す」機能で一度端末を初期化するしかない

Androidスマートフォンは、「デバイスを探す」（No217で解説）の「デバイスを保護」を実行することで、遠隔操作で画面ロックを設定できるが、これは画面ロックが未設定の場合のみ。すでに自分で画面ロックを設定している場合は、この機能を使って別のパスワードで上書きできない。ロック解除方法を忘れてしまった場合は、「デバイスを探す」の「デバイスデータを消去」を実行して、一度端末を初期化し、Googleアカウントのバックアップなどから復元しよう。画面ロックがリセットされる。

1 「端末を探す」でデバイスを選択

「端末を探す」アプリなどで、ロック解除できなくなった端末を選択。設定済みのパスワードは遠隔で変更できないので、「デバイスデータを消去」をタップしよう。

2 遠隔操作で端末を初期化する

「デバイスデータを消去」をタップし、本人確認を済ませると、遠隔操作で端末を初期化できる。解除できなくなった画面ロックも自動的にリセットされる。

3 再起動後は初期設定からやり直す

再起動後は初期設定からやり直すことになる。連絡先などはGoogleアカウントで復元できるが、端末内の写真や音楽などのデータは消えてしまう。

---

215 通信 電波が圏外からなかなか復帰しないときは

地下などで圏外になったあと、通信可能な場所に戻ったのになかなか電波がつながらないことがある。このような場合に覚えておくと便利なのが、「機内モード」を使う電波復帰テクニックだ。まずクイック設定ツールを開き、「機内モード」をタップしてオンに、

もう一度タップしてオフにする。このように機内モードを有効→無効と切り替えて通信を回復させることで、すぐに接続可能な電波をキャッチしにいくので、通信可能な場所で実行すればスムーズに圏外から復帰するはずだ。

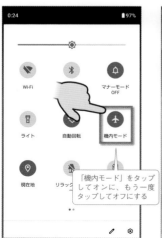

「機内モード」をタップしてオンに、もう一度タップしてオフにする

すぐに接続可能な電波を検出し、圏外から復帰する

---

216 Playストア Playストアが使えなくなってしまった

Playストアが開かない・起動しない場合は、Playストアアプリの不具合か、Google Play開発者サービスがうまく更新されていない場合が多いので、それぞれのアプリをリセットしてみよう。まずは、「設定」→「アプリと通知」→「すべて表示」→「Google

Playストア」→「ストレージとキャッシュ」を開き、キャッシュとストレージを削除してみる。それでダメなら、「Google Play開発者サービス」のキャッシュを削除するか、「容量を管理」→「データをすべて消去」をタップして初期状態に戻そう。

「設定」→「アプリと通知」→「すべて表示」→「Google Playストア」→「ストレージとキャッシュ」を開き、「キャッシュを削除」「ストレージを削除」をタップして再起動してみる

または「設定」→「アプリと通知」→「すべて表示」→「Google Play開発者サービス」→「ストレージとキャッシュ」で「キャッシュを削除」をタップ。それでもダメなら「容量を管理」→「データをすべて消去」をタップしてみる

マスト！ 217

紛失対策

スマートフォンの紛失・盗難に備えて「デバイスを探す」機能を設定する

所在地の確認やデータの初期化を遠隔で実行

スマートフォンの紛失や盗難に備えて、「デバイスを探す」機能を設定しておこう。Googleアカウントで同期している端末の現在位置を表示できるだけではなく、個人情報の塊であるスマートフォンを悪用されないよう、遠隔操作でさまざまな対処を施すことが可能だ。

ただし、これらの機能を利用するには事前の設定が必要だ。右の手順を参考にあらかじめ設定を済ませておこう。万一紛失した際には、他のスマートフォンなどで「端末を探す」アプリを利用することで、紛失した端末の現在地を地図上で確認できるようになる。また、音を鳴らして位置を掴んだり、画面をロックしていない端末に新しくパスワードを設定することもできる。さらに、個人情報の漏洩阻止を最優先するなら、遠隔操作ですべてのデータを消去してリセットすることも可能だ。アプリで探す以外に、パソコンなどのWebブラウザで「デバイスを探す」（https://android.com/find）にアクセスしても、同様の操作を行える。なお、これらの機能を利用するには、紛失した端末がネットに接続されており、位置情報を発信できる状態であることが必要だ。

APP

端末を探す
作者／Google LLC
価格／無料

>>> 事前の設定と紛失時の遠隔操作

1 「デバイスを探す」と位置情報をオンに

この端末を紛失したときに「デバイスを探す」機能が使えるように、「デバイスを探す」と「位置情報」がオンになっているか、それぞれ設定を確認しておこう。

2 バックアップコードをメモしておく

2段階認証を設定していて、認証できる端末が1つしか無い時は、その端末を紛失した時点で他の端末からログインできなくなる。あらかじめ「バックアップコード」を取得しておこう。

3 「端末を探す」で紛失した端末を探す

万一端末を紛失してしまったら、他のスマートフォンやタブレットで「端末を探す」アプリを起動しよう。紛失した端末の現在地を地図で確認できる。

4 端末から音を鳴らして位置を掴む

表示された地点で探してもスマートフォンを発見できない場合は、「音を鳴らす」をタップ。最大音量で5分間音を鳴らして、スマートフォンの位置を確認できる。

5 端末を遠隔操作でロックする

「デバイスを保護」をタップすると、他人に使われないようにロックし、画面上に電話番号やメッセージを表示できる。画面ロックが未設定の場合はパスワード設定も可能。

6 データを消去し端末をリセットする

端末がどうしても見つからず、個人情報を消しておきたいなら、「デバイスデータを消去」で初期化できる。ただし、もう「デバイスを探す」で操作できなくなるので操作は慎重に。

218 メンテナンス 不要データを削除して スマートフォンを快適に保つ

ワンタップで不要なデータをまとめて掃除

スマートフォンは使っているうちに、ダウンロードしたファイルやほとんど使っていないアプリ、キャッシュなどが溜まり、ストレージの容量を圧迫する原因になっている。機種によっては、これら不要なデータをまとめて削除し、簡単に空き容量を増やせる機能が搭載されているので、確認してみよう。「設定」→「ストレージ」画面に用意されていることが多い。また、メーカー独自のメンテナンスツールなどが搭載されている場合もある。定期的に掃除を実行して、端末を最適な状態に保つようにしよう。

1 空き容量を増やすをタップする

AQUOS R3の場合は、「設定」→「ストレージ」→「内部共有ストレージ」をタップ。続けて「空き容量を増やす」をタップしよう。

2 不要なファイルやアプリにチェック

20.89 MB を解放

ダウンロードしたファイルや、ほとんど使われないアプリがリストアップされる。不要なアイテムにチェックを入れたら、下部の「○○MBを解放」をタップしよう

3 削除して空き容量を増やす

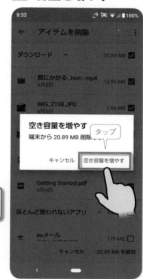

「空き容量を増やす」をタップすると、選択した不要なアイテムが削除され、空き容量を増やすことができる。定期的に実行しよう。

---

219 文字入力 学習された変換候補を個別に削除する

文字入力の変換候補は、よく使う単語を素早く入力できるので非常に便利な機能だ。しかし、タイプミスの間違った単語やプライバシーに関わる単語が登録され候補として表示されるとかえって迷惑だ。そんな時は、必要のない変換候補の単語をロングタップしてみ

よう。候補を個別に削除できる場合がある。個別に削除できないキーボードでも、「設定」→「システム」→「言語と入力」→「仮想キーボード」でキーボードを選択すれば、「リセット」や「辞書」画面で学習履歴をすべて削除できる。

一部のキーボードアプリでは、消したい変換候補をロングタップし、削除ボタンをタップすることで、学習履歴から個別に削除できる

個別に削除できない場合は、「設定」→「システム」→「言語と入力」→「仮想キーボード」でキーボードを選択し、「リセット」や「辞書」などの項目をタップ。学習辞書をリセットできる設定が用意されている。ただし、すべての学習履歴が消去されるので要注意

---

220 アプリ 気付かないで払っている定期購入を解除

カード会社の明細に記された数百円の謎の支払い。よくよく調べてみたら、いつだか試したアプリに毎月課金され続けていた…ということはありがちだ。単に解約し忘れていることもあるが、無料を装って課金に誘導する悪質なアプリもある。アプリ内課金や定額

サービスの加入状況を一度しっかりチェックしておこう。Playストアアプリのメニューから「定期購入」をタップすると、契約中の定期購入アプリやサービスを確認できる。タップして「定期購入を解約」をタップすれば、すぐに解約することが可能だ。

Playストアアプリの左上三本線ボタンでメニューを開き、「定期購入」をタップすると、契約中の定期購入アプリやサービスを確認できる

解約したい場合は、アプリを選択して、一番下の「定期購入を解約」をタップしよう。無料期間中や支払い済みの期間が残っている場合は、期限が切れるまで有料機能を使い続けることができる

221 紛失に備えてロック画面に自分の連絡先を表示する

紛失対策

スマートフォンを紛失した際に、「デバイスを探す」で端末の現在地を確認する方法をNo217で解説したが、これは端末がネット接続されていないと位置情報を取得できないので、タイミングによっては見つけにくい。そこで、拾得者の善意に期待して、ロック画面に自分の連絡先を表示させておこう。設定の「ディスプレイ」などに、「ロック画面メッセージ」や「ロック画面に署名を表示」といった項目がある。もちろん、ロック画面は誰でも確認できるので、見られて問題のない連絡先にしておくこと。

AQUOS R3の場合は、「設定」→「ディスプレイ」→「ロック画面の表示」→「ロック画面メッセージ」をタップ。自分の連絡先などを入力しておく

ロック画面に、「ロック画面メッセージ」で入力したテキストが表示される。誰でも見ることができるので、表示する連絡先には注意しよう

222 画面のスクリーンショットを保存する方法

スクリーンショット

ほとんどのAndroidデバイスの共通操作として、電源キーと音量キーの下（マイナス）を、同時に1秒以上長押しすることで、簡単に表示中の画面を撮影（スクリーンショット）して保存できる。AQUOSの「Clip Now」や、Galaxyの「スワイプキャプチャ」や、Xperiaの「Game enhancer」など、スクリーンショットを撮影するためのメーカー独自の機能が搭載されている場合もある。ただし、パスワード入力画面など、アプリや機能によっては、スクリーンショットを撮影できない場合もあるので要注意。保存されたスクリーンショットは、「フォト」アプリなどで確認できるほか、パソコンとUSB接続して「DCIM」→「Screenshots」フォルダから取り出せる。

電源キーと音量キーの下を長押しすることで、スクリーンショットを撮影できる

223 Googleアカウントのパスワードを変更する

アカウント

Googleアカウントは、Playストア、Gmail、連絡先などの個人情報に紐付けられる重要なアカウントだ。アカウントを不正利用されないよう、パスワードはしっかり考えて設定したい。簡単に推測される恐れのある文字列を設定している場合は、すぐにでも変更をおすすめしたい。変更するには、「設定」→「Google」→「Googleアカウントの管理」の「セキュリティ」タブで、「パスワード」をタップする。続けて現在のGoogleアカウントのパスワードを入力してログインし、新しいパスワードを入力しよう。

「設定」→「Google」→「Googleアカウントの管理」の「セキュリティ」タブで、「パスワード」をタップする

現在のパスワードを再入力すると、新しいパスワードの入力画面になる。8文字以上の新しいパスワードを設定し、「パスワードを変更」をタップしよう

224 Googleアカウントを削除する

アカウント

Googleアカウントは、複数作成することもできるし削除することも簡単だ。ここで言う削除とは、端末からアカウントを削除するのではなく、アカウントそのものを消去することで、関連づけられたサービスなども全て使えなくなるので注意が必要だ。「設定」→「Google」→「Googleアカウントの管理」の「データとカスタマイズ」タブで、「サービスやアカウントの削除」をタップ。「Googleアカウントの削除」で削除できる。削除しても、2〜3週間以内ならアカウントサポートから復元可能だ。

「Googleアカウントの削除」をタップすると、Googleアカウントを削除できる。削除前に注意事項をよく読み、2箇所にチェックして「アカウントを削除」をタップしよう

225 アカウント 登録したクレジットカード情報を変更、削除する

Playストアアプリからカードの追加や編集が可能

クレジットカードの更新があったり、別のカードに切り替える場合は、Playストアでのアプリ購入時に利用するカード情報も更新しなければならない。まず「Playストア」アプリを起動し、メニューを開いて「お支払い方法」をタップ。新しいカードは、「お支払い方法の追加」から追加できる。登録済みのカード内容を編集するなら、「お支払いに関するその他の設定」をタップしてGoogle Payにログイン。登録済みカードの「編集」をタップし、カード情報を更新すればよい。

1 Playストアで「お支払い方法」をタップ

Playストアアプリを起動したら、左上のメニューボタンをタップしてメニューを開き、「お支払い方法」をタップする。

2 「支払いに関するその他の設定」をタップ

新しいカードやコードは、「お支払い方法の追加」から追加。登録済みのカード内容を編集するなら、「お支払いに関するその他の設定」をタップしよう。

3 クレジットカードの編集や削除を行う

「編集」で有効期限などを変更、「削除」でカード情報を削除する

Google Payのメニューで「お支払い方法」をタップすると、登録済みのカードやキャリア決済情報が表示される。

---

226 Playストア 間違えて購入したアプリを払い戻しする

Playストアで購入した有料アプリは、購入して2時間以内であれば、アプリの購入画面に表示されている「払い戻し」ボタンをタップするだけで、簡単に購入をキャンセルして返金処理を行える。2時間のうちに、アプリの動作に問題がないかひと通りテストしておこう。ただし、払い戻しはひとつのアプリにつき一度しかできないので要注意。また、購入して2時間経過したアプリやアプリ内で課金したアイテム、映画・書籍など他のコンテンツを購入した場合は、No227の手順で払い戻し処理を行う必要がある。

買ってから2時間は「払い戻し」ボタンが有効。2時間の間に動作確認だけはしておこう。払い戻ししたアプリは、もちろんアンインストールされる

返金処理が完了するとGmailで通知される

---

227 アプリ 購入後2時間経過後もアプリを払い戻しする方法

有料アプリの購入から2時間が経過して「払い戻し」ボタンが消えても、48時間以内なら、ブラウザでhttps://play.google.com/store/accountにアクセスすることで、払い戻しをリクエストできる。払い戻ししたいアイテムの「問題を報告」をタップしよう。同じ方法で、購入して48時間以内のアプリ内課金やまだ視聴していない映画やテレビ、再生できない音楽、読み込めない書籍なども返金処理できる。48時間を超えたアプリは、アプリ開発者に直接払い戻しを交渉するしかない。

https://play.google.com/store/account にアクセスして Googleアカウントでログイン。「購入履歴」から払い戻ししたいアイテムの「問題を報告」をタップ

「オプションを選択」から「間違って購入した」などキャンセル理由を選択し、「送信」をタップ。有料アプリやアプリ内課金は48時間以内、未視聴の映画や音楽、電子書籍は7日以内なら払い戻しが可能だ

228 セキュリティ 2段階認証でGoogleアカウントの セキュリティを強化する

通常のパスワードに加えもう1段階別の認証で保護

Googleアカウントの不正アクセスや乗っ取りを防ぐには、定期的にパスワードを変更するといった対策よりも、「2段階認証プロセス」を設定しておくほうが効果的だ。Googleのサービスにログインする際に、通常のパスワード入力に加えて、もう1段階別の認証が求められるようになる。標準では、登録済みのスマートフォンやタブレットに届くログイン通知で「はい」をタップして認証するか、または、登録した電話番号宛てにテキストメッセージや音声で送られる確認コードの入力で認証する。

1 設定で2段階認証プロセスをタップ

「設定」→「Google」→「Googleアカウントの管理」の「セキュリティ」タブで、「2段階認証プロセス」をタップし、「使ってみる」をタップ。

2 2段階認証を有効にする

2段階目の認証で、ログイン通知を表示する手持ちのスマートフォンやタブレットを登録しておこう。また、通知が届かない時の対策として、SMSや音声で確認コードを受信できるように、電話番号も登録しておく。

3 2段階認証でログインする

他のデバイスでGoogleサービスにログインしようとすると、同じGoogleアカウントを使っているスマートフォンやタブレットに、ログイン通知が表示される。「はい」をタップすれば、認証されてログインが可能になる

---

229 Googleアカウントの 不正利用をチェック
セキュリティ

Googleアカウントに不正なアクセスがないかは、「設定」→「Google」→「Googleアカウントの管理」の「セキュリティ」タブで、「デバイスを管理」をタップすれば確認できる。過去28日間にアカウントで有効になった端末や現在ログインしている端末が一覧表示されるので、見覚えのない端末がないか確認しよう。不審な端末があればタップして選択し、「ログアウト」ボタンをタップすれば、以降その端末からのアクセスを停止できる。あわせて、パスワードの変更も済ませておこう。

「設定」→「Google」→「Googleアカウントの管理」の「セキュリティ」タブで、「デバイスを管理」をタップする

見覚えのない端末はタップして選択し、「ログアウト」ボタンで以降のアクセスを停止できる。「このデバイスに心当たりがない場合」からパスワードも変更しておこう

---

230 Androidを アップデートする
アップデート

スマートフォンの基本ソフト「Android OS」は、アップデートによってさまざまな新機能が追加されたり、不具合が修正される。OSのアップデートがあると通知が表示されるので、通知を確認したら、できるだけ早くアップデートを済ませておこう。「設定」→「システム」→「システムアップデート」→「アップデートを確認」をタップして、アップデートの有無を手動でチェックすることも可能だ。なお、アップデートファイルのサイズはかなり大きくなるので、なるべくWi-Fi接続環境で実行しよう。

「設定」→「システム」→「システムアップデート」で「アップデートをチェック」をタップすると、アップデートの有無を手動でチェックできる

アップデートファイルがあれば、「ダウンロードとインストール」をタップし、指示に従って更新を進めよう。なるべくWi-Fi接続環境で実行し、バッテリー残量にも注意すること
更新サイズ: 1.70 GB

231

初期化

トラブルが解決できない時の スマートフォン初期化方法

動作が不安定になったら端末を初期化してスッキリさせよう

使っていて頻繁に電源が落ちるようになったり、極端に動作が重くなってきたら、端末がなんらかの支障をきたしている可能性がある。この場合の最も効果的な解決方法が端末の初期化だ。本体を初期化することで、インストールしたアプリや変更した設定などをすべて消去してリセットすることになり、工場出荷時の状態に戻すことができるのだ。

ただし、初期化を行うと本体に保存してある写真や音楽、ブックマークなどがすべて失われてしまう。初期化する前に必ずバックアップを取るように心がけよう。「JSバックアップ」などのバックアップアプリを使ってもよいし、写真や音楽はパソコンにUSB接続してコピーしておくのも確実な方法だろう。キャリアと契約している端末なら、各キャリアのバックアップツールを使う方法もある。

なお、もし初期化をしても不具合が続く場合は本体端末になんらかの問題があることが考えられる。各キャリアのショップへ行き、さらに詳しく調べてもらおう。また、いろいろなアプリをインストールしすぎていると、知らず知らずのうちにバックグラウンドで動いていてバッテリーの消費が早くなるなどの問題も起きる。このような場合でも端末の初期化はとても有効だ。

APP
JSバックアップ
作者／JOHOSPACE
価格／無料

>>> 端末の初期化を行おう

1 アプリを使ってバックアップ

「JSバックアップ」などのアプリでデータをバックアップ。Chromeのブックマークやカレンダーなどのデータは、Googleアカウントを削除しない限り消えることはないので、特にバックアップの必要はない。

2 USB接続してPCにバックアップ

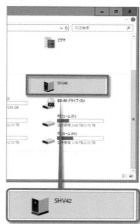

USBケーブルでパソコンに接続して、USB接続の用途を「ファイルを転送する」に切り替えれば、パソコン側でスマートフォンのデータを確認できる。大事な写真や音楽ファイルは、パソコンにコピーしておこう。カメラで撮影した写真やビデオは、内部共有ストレージ、または外部SDカードの「DCIM」フォルダなどに保存されている。

3 Googleのサービスと同期しておく

「設定」→「アカウント」でGoogleアカウント名を選択し、「アカウントの同期」をタップ。利用しているGoogleサービスの同期がオンになっているか確認しよう。

4 バックアップとリセットを選択

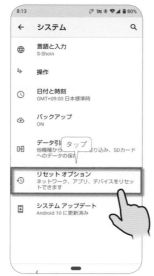

データのバックアップが完了したら初期化を実行しよう。「設定」→「システム」→「リセットオプション」をタップする。また、「システム」→「バックアップ」がONになっていることも確認しよう。

5 初期化の作業を進める

「すべてのデータを消去」をタップし、下までスクロールしてさらに「すべてのデータを消去」を2回タップすれば、初期化が開始される。

POINT

連絡先はGoogleアカウントに結びつけておくこと

本体の初期化を行うと、端末内に保存された連絡先も消去されてしまう。しかし、Googleアカウントに保存していれば、初期化後にアカウントと同期することで、自動的に復元することができる。連絡先はGoogleアカウントに一本化しておくようにしよう。

掲載アプリINDEX

気になるアプリ名から記事掲載ページを検索しよう。

Android スマートフォン 便利すぎる! テクニック *2020*

S t a f f

Editor　清水義博(standards)

Writer　西川希典

Designer　高橋コウイチ(wf)

DTP　越智健夫

2020年7月1日発行

編集人　清水義博

発行人　佐藤孔建

発行・
発売所　スタンダーズ株式会社
　　　　〒160-0008
　　　　東京都新宿区四谷三栄町12-4
　　　　竹田ビル3F
　　　　TEL 03-6380-6132
　　　　FAX 03-6380-6136

印刷所　株式会社廣済堂